淡水养殖系列丛书

鲈鱼养殖一月通

江苏省淡水水产研究所 组编

中国农业大学出版社
·北京·

图书在版编目(CIP)数据

鲈鱼养殖一月通/江苏省淡水水产研究所组编.—北京:中国农业大学出版社,2010.5(2022.3 重印)

ISBN 978-7-81117-998-9

Ⅰ.①鲈…　Ⅱ.①江…　Ⅲ.①鲈形目-鱼类养殖　Ⅳ.①S965.211

中国版本图书馆 CIP 数据核字(2010)第 067969 号

书　　名　鲈鱼养殖一月通

作　　者　江苏省淡水水产研究所　组编

策划编辑	赵　中	责任编辑	冯雪梅
封面设计	郑　川	责任校对	王晓凤　陈　莹
出版发行	中国农业大学出版社		
社　　址	北京市海淀区圆明园西路 2 号	邮政编码	100193
电　　话	发行部 010-62731190,2620	读者服务部	010-62732336
	编辑部 010-62732617,2618	出　版　部	010-62733440
网　　址	http://www.cau.edu.cn/caup	e-mail	cbsszs @ cau.edu.cn
经　　销	新华书店		
印　　刷	北京鑫丰华彩印有限公司		
版　　次	2010 年 5 月第 1 版　　2022 年 3 月第 3 次印刷		
规　　格	850×1 168　　32 开本　　4.25 印张　　104 千字		
定　　价	13.00 元		

丛 书 主 编　夏爱军

丛书副主编　唐建清　韩　飞

本 书 作 者　周凤建　余祥胜

总　序

目前，我国淡水养殖业已由产量型向素质型转变，由解决“吃鱼难”向保障食物营养与安全转变，由丰富“菜篮子”向促进农业结构调整和农民增收转变；随着经济全球化的发展，更是面临着产业结构、贸易结构、产品质量、渔业资源和生态环境等变化。因此，水产养殖业能否提高产量和效益，主要看养殖生产者的观念能否与时俱进，随时代的变化而转变；能否选择好一个新品种，掌握好行之有效的新技术。

近年来，高效农业的快速推进，使得特种水产养殖业发展迅猛，河蟹、青虾、克氏原螯虾、罗氏沼虾、南美白对虾、中华鳖、鳜鱼、鲈鱼、河鲀、黄鳝、泥鳅等名特优新水产养殖品种已达到了规模化生产的水平，形成了自身的特点。各地在科技兴渔方针指导下，利用本地资源、特点和区域优势，大胆实践，勇于创新，新的养殖技术和模式不断涌现。为了促进水产养殖的健康可持续发展，推广新品种、新技术、新经验的应用，满足广大养殖生产者的需求，江苏省淡水水产研究所组织有关专家和学者撰稿，编写了这套“淡水养殖系列丛书”。该套丛书共计 11 本，较系统地介绍了河蟹、青虾、克氏原螯虾、罗氏沼虾、南美白对虾、中华鳖、鳜鱼、河鲀、黄鳝、泥鳅和大宗淡水鱼类等水产品种的养殖方法，融入近年来获得的水产科技新成果、新技术和新经验；内容科学，以实用技术为重点；语言力求通俗易懂，并配有原色图和示意图，以便读者理解、掌握和操作，适应不同层次读者的需要。“丛书”的出版发行，为水产养殖业者提供一套致富的有效工具书，也为从事水产养殖等有关专业的科技和教学人员提供有益的参考资料。

江苏省淡水水产研究所所长　夏爱军

2009年6月

前　言

鲈形目鱼类是硬骨鱼纲中种类最多的一目。其共同的特征是背鳍一般为2个，互相连接或分离，肩带无中喙骨；无魏氏器；一般有上下肋骨。鲈形目鱼类分布于各种水域，从江河湖泊到近海以至水深2 300米的大洋都有踪迹，除极少数生活在狭小水域外，大部分生活在海洋中，有的为了繁殖后代和越冬，还要作长距离的生殖洄游。鲈形目鱼类肉质坚实，洁白细嫩，肉味鲜美，营养特别丰富，是人类优质的蛋白质来源，也是我国水产从业人员捕捞、养殖的主要高档水产品种，经济价值很高。在我国渔业经济中占重要地位。

自然界中，大部分鲈鱼都可以长到5千克以上，6龄以上的花鲈体长达0.8米，重15～20千克。人工养殖时，鲈鱼饵料条件更好，因此，生长更快。本书将要介绍的几种养殖鲈鱼都是肉食性鱼类，具有生长速度快、易于驯化、易于养殖等共同生产性能，因此，鲈鱼是优质的养殖对象，具有很高的经济价值。

鲈鱼是凶猛性鱼类，养殖时，大都是经过活的饵料鱼向死的新鲜饵料鱼，再向全价配合饲料过度的驯化过程；鲈鱼养殖水质要求清洁、卫生；养殖模式有池塘、网箱、工厂等各种模式。因此，鲈鱼的养殖技术基本相同。由于篇幅有限，本书将以目前养殖技术成熟、养殖面积最大、产量与效益均好的加州鲈、花鲈为例介绍鲈鱼的养殖技术，其他鲈鱼的养殖与加州鲈、鲈鱼相似的部分，本书不作详细介绍，仅就其不同点作些简介。

本书在编写过程中，参考了一部分同类书籍，吸收了一些同行及专家的研究成果，在此一并致谢，由于编者水平的局限，书中难免有不足之处，敬请同行与读者批评指正。

编　者
2009 年 7 月

目　录

第一章　概　　述

1. 鲈鱼的分类

硬骨鱼类辐鳍亚纲鲈形目是鱼纲中种类最多的一个目，也是脊椎动物中最大的一个目，约 150 科 1 367 属 7 800 种，主要分布于温、热带海洋内，在高纬度地区所占比例不大，其中许多种类有重大的经济意义。鲈形目鱼类绝大多数是海产鱼，仅少数如鲈科、丽鲷科等生活在淡水水域。一般分布在温热带海区，它们个体大小差异很大。大者如金枪鱼，小者如矮鰕虎鱼，一般鱼类体长在 30～250 厘米。该目鱼类中只有少数种类危害人类，如魣鱼，体长 2 米，性极凶猛，常袭击游泳的人类。

鲈形目鱼类在我国渔业中占重要地位，中国产的鲈形目鱼类共分 91 科约 1 031 种。其中南海种类最多。我国重要的海产食用鱼多属此目,广泛分布在海洋,也有少数种类产于淡水水域。我国鲈形目鱼类分为杜父鱼亚目、鲳亚目、鲈亚目等12个亚目,鲈亚目下又分为鲈总科、赤刀鱼总科、海鲫总科等9个总科,其中鲈总科又分为脂科、石首鱼科、银鲈科、鲷科、石鲈科等40多科,它们共同的特点是鳔无管,鳍多有刺,背鳍常有两部分组成,一部分是刺,一部分是鳍条,或分离或连在一起,腹鳍多为胸位,无韦伯氏器,无肌间刺。如果鲈形目下的鱼类都称为鲈鱼的话,数量惊人。

本书讲的鲈鱼,是指已开发养殖的淡水鲈鱼或者是可以驯化成淡水养殖的海水鲈鱼。典型的淡水鲈鱼养殖品种有加州鲈、河鲈、梭鲈,花鲈、条纹鲈虽是海水鲈鱼,但可以淡化养殖,松江鲈是海河洄游鱼类。加州鲈,又名大口黑鲈、美洲大口鲈、大黑鲈,属于鲈形目,太阳鱼科鱼类,原产于美国加利福尼亚州,密西西比河水系,1983年引入我国,现已在我国南方地区大面积养殖;花鲈,又称为海鲈、七星鲈,是脂科、常鲈亚科、花鲈属鱼类,该品种为广温、广盐的凶猛肉食性名贵经济鱼类,是海水养殖的主要鱼类品种,近几年,我国很多地方已开始花鲈的淡水驯化养殖并取得了成功;松江鲈,鲈形目,杜父鱼科鱼类,是我国四大名鱼之一,江浙一带已有批量养殖;河鲈,又名五道黑,为鲈形目、河鲈科、河鲈属的一种,广泛分布于欧洲及亚洲北部冷温带。我国仅产于新疆维吾尔自治区额尔齐斯河与乌伦古河流域;梭鲈,属鲈形目、鲈科、梭鲈属,原分布于欧洲的咸海、黑海、里海以及波罗的海水系的河流、湖泊,在我国仅分布于新疆伊犁河水系和额尔齐斯河水系。梭鲈体肥肉厚,呈梭形,抗病能力极强,生长速度快,肉质细嫩,肌间刺少,营养价值高,河鲈与梭鲈在我国已开始零星养殖。

2. 鲈鱼的价值

自然水域中,鲈鱼都是处在生物链的顶端,是生物界的高级消费者,本书将要介绍的几种养殖鲈鱼都是肉食性鱼类,经济价值很高，鲈鱼的肉质坚实、洁白细嫩，肉味鲜美，营养特别丰富，是人类优质的蛋白质来源，其每100克鱼肉中含蛋白质近20克，而脂肪仅占3克左右，是名副其实的高蛋白、低脂肪食物；此外，鲈鱼还含有多种维生素和微量元素。据研究，鲈鱼除为人们提供优质蛋白质外，还有补肝肾、益脾胃、化痰止咳，治小儿消化不良、妇人胎动不安、产后少乳等症，是医食兼优的名贵水产品，深受人们喜爱。

鲈鱼生长速度较快，自然界中，大部分鲈鱼都可以长到5千克以上，6龄以上的花鲈体长达0.8米，重15～20千克。人工养殖的鲈鱼长速更快，通常养殖280天可达0.5千克以上。因此，鲈鱼是人类优质的养殖对象，具有很高的经济价值。

3. 鲈鱼的利用

我国淡水鲈鱼养殖起步较晚，松江鲈的人工养殖最早，1958年，松江渔民在当地捕捉松江鲈幼鱼153尾，放养于新开挖的533米^{2}的池塘中，经5个月养殖，捕商品鱼46尾，获得30.06%的养殖成活率，这是历史上首次人工驯养松江鲈获得成功，也是我国淡水鲈鱼养殖的开始。20世纪70年代，我国台湾自美国引进加州鲈开展养殖试验，经繁殖数代后证明该品种适合当地养殖推广，加州鲈在台湾获得规模化养殖。1983年，我国内地又从台湾引入加州鲈苗，在深圳、惠阳、佛山、东莞等地试养，并于1985年人工繁殖成功，现江西、浙江、上海、江苏、广西、湖南、湖北、海南等各省市都有规模化养殖，都取得了较好的经济效益，已成为我国重要的特种水产养殖品种之一，由于加州鲈性情相对温顺，易驯化，也是发展游钓渔业的好品种，近年来已被引入钓鱼塘，发挥着它更大的利用价值。花鲈是我国沿海各地重要的经济鱼类之一，广东斗门县开展人工养殖20多年历史，近年来在市场经济的驱动下，鲈鱼养殖技术有较大的突破，平均亩产966千克，最高亩产达2 630千克，平均每亩利润近万元，鲈鱼养殖已呈蓬勃发展之势。

随着鲈鱼养殖技术的普及,鲈鱼将为人类做出越来越大的贡献。鲈鱼都是凶猛性鱼类,养殖时所用的饵料都要经过活的饵料鱼向死的新鲜饵料鱼,再进行全价配合饲料驯化过程,因此,其养殖技术基本相同。由于篇幅有限,本书将以目前养殖技术成熟,养殖面积较大,产量与效益均好的加州鲈、花鲈为例介绍鲈鱼的养殖技术,其他鲈鱼的养殖与加州鲈、鲈鱼相似的部分,本书不作详细介绍,仅就其不同点作些简介。

第二章 加州鲈的养殖技术

加州鲈，又名大口黑鲈、美洲大口鲈、大黑鲈等，属于鲈形目，太阳鱼科，是一种淡水广温性的肉食性鱼类。原产于美国加利福尼亚州，密西西比河水系，生存水温为 1～36℃，适宜水温为 15～25℃，最大个体可达 10 千克。因其肉味鲜美，抗病力强，生长迅速，已被世界各国广泛引种。成为著名的高档养殖鱼类。

加州鲈生长较快，当年繁殖的鱼苗能长到 0.5 千克以上的上市规格。在鱼塘中混养时，能有效地控制鱼塘中野杂鱼虾和罗非鱼的过度繁殖，池塘主养、网箱养殖、工厂化养殖都能取得较好的经济效益，还是垂钓的好对象，因此，加州鲈是值得大力推广的优质高产、高效益的养殖品种。

加州鲈肉质坚实细嫩，肉味鲜美、清香，营养丰富，港、澳居民认为食用该鱼有促进伤口愈合的功效，在港澳市场价格较高，很受欢迎。上海地区，因是活鱼上市，其美味可与花鲈、鳜鱼媲美，而价格较之便宜许多，因此加州鲈已成为寻常百姓餐桌上的美味佳肴，可谓鱼中上品，十分畅销。近年来，每年在顺德区的养殖面积就有 4 万亩左右，年总产量超过 6 万吨，约占全国产量的 30% 以上，顺德人1984年引进大口黑鲈在池塘养殖成功，1985年人工繁殖取得成功。在多年的养殖生产实践中不断总结经验，提高技术，现在不少农户养殖加州鲈都达到了亩产2 500千克以上的水平。加州鲈是顺德水产业取得较好经济效益的主要养殖品种之一。

一、生物学特性

1. 栖息环境与生活特性

自然状态下，加州鲈主要生活在水质清新、有水生植物分布的水域中，常藏身于岩石和树根等处；池塘养殖条件下，加州鲈喜栖息于沙质或泥沙底质的清澈水环境中，活动于水体中上层，该鱼性情温顺，不善跳跃。生存水温在1～36℃，10℃以上时开始摄食，适宜生长温度为15～26℃，适宜的溶解氧为4毫克/升以上，pH值为6～8.6，盐度在10‰以下。

2. 食性

加州鲈上下颌和腭、梨骨上部具有细齿，肠道较短，胃壁较厚，有较强的伸缩性，具有幽门盲囊，是典型的肉食性鱼类。加州鲈稚鱼期以浮游生物为食，幼鱼和成鱼阶段以小鱼、虾为食，也食水生昆虫、底栖生物，加州鲈在水质良好、水温适宜时，幼鱼食量为其体重的10%～20%，成鱼为5%～10%，人工驯化的情况下，加州鲈可以摄食死的鱼、虾和配合饲料。在饵料严重不足的情况下，加州鲈会互相残杀，体长18毫米的加州鲈稚鱼能捕食6毫米的同类。

3. 生长

人工养殖条件下，加州鲈当年的鱼苗可长到0.5～0.75千克，养殖2年，体重可达1.5千克，3年可达2.5千克，加州鲈的生长速度取决于多种因素，遗传因素、饲料质量、种间和种内的竞争及水温、溶氧等因素都影响加州鲈的生长。

4. 繁殖习性

在天然水域中，加州鲈繁殖时，首先由雄亲鱼在水深1～2米处，用尾鳍扇动泥沙、石砾及水生植物根部的泥土，使形成浅凹，作为孵化巢。其直径 60～90 厘米，深 2～20 厘米，两个孵化巢相距 9 米以上，也有侵占其他鱼类的孵化巢的现象。筑巢后，雄亲鱼静候其中，等候雌亲鱼到来。当雌、雄亲鱼相会时，彼此往往头部朝下，尾部向上，靠拢在一起，交尾时雄鱼不断用头部顶撞雌鱼腹部，雌鱼身体急剧颤动，将卵产出，雄鱼立刻射精，就此完成交配受精过程。1 尾加州鲈雌亲鱼 1 次产卵 2 000～10 000 粒，数量多少取决于雌亲鱼的年龄和个体大小及怀卵量的多少。产卵后雌亲鱼即离去，受精卵在孵化巢中孵化，由雄亲鱼在周围护卫，并不断用尾鳍扇动卵粒，使其得到充足的氧气。卵黏性，琥珀色或淡黄色，卵径 1.5～1 毫米，孵化所需时间受温度影响，一般需要 2～5 天，温度越高，孵化时间越短。刚孵出的鱼苗呈半透明状，体长 3.5～4 毫米，侧卧于水底，5～9 日龄时，体长 5～7 毫米，卵黄囊全部吸收，开始上浮摄食小型浮游生物，进入稚鱼期。30 天内鱼苗仍集群受到雄亲鱼的保护，30 天后各种器官已发育完整，食性转化为肉食性，以小型鱼、虾、蟹为主，也食水生昆虫和底栖生物。加州鲈一般 2 龄达性成熟，但饲养得法时，1 龄也可达性成熟。繁殖适宜水温是 18～26℃，因此，产卵期在 3～6 月份，4 月上旬至 5 月中旬为繁殖盛期。体重 1 千克的加州鲈雌亲鱼怀卵量达 4 万～10 万粒，但多次产卵，每次产卵 2 000～10 000 粒。可在天然水域及人工养殖的池塘中繁殖。

二、繁殖技术

根据加州鲈的繁殖习性，人工繁殖加州鲈鱼苗时应尽可能创造适宜的繁殖生态条件，一般用于人工繁殖的池塘或水泥池，水质要比较清新、长有水草（如金鱼藻、轮叶黑藻等）或布置人工水草，底质为沙质、沙砾。繁殖季节，雄亲鱼利用水草筑巢，在池底掘巢，巢的直径约 40 厘米。据观察，池塘中的加州鲈亲鱼，喜欢在距水面 30～40 厘米的浅水处筑巢。如果池中没有水草，则需投入棕片和柳树根等人工孵化巢。

(一)繁殖条件准备

1. 产卵池及鱼巢设置

产卵池可用水泥池或土池，面积大小视生产规模而定，水泥产卵池一般 100～200 米^2，每 2～3 米^2 放亲鱼 1 组，注水0.6～0.8 米深，池水清澈新鲜，溶氧量最好在 5 毫克/升以上，沿产卵池四周池底每隔 1.5 米左右吊挂鱼巢一个；土池 1～3 亩为宜，池埂应有一定的斜坡。在亲鱼产卵前(3 月底至 4 月初)必须抽干池水，用生石灰每亩 150 千克进行清塘消毒，1 周后放水0.6～1 米深，每 20 米^2 放亲鱼 1～2 组，鱼巢放置方法同水泥池。鱼巢可用旧纱网、渔网、棕榈片、柳树须等做成。鱼巢直径 30～50 厘米，圆形或长形，使用时先洗净，用开水煮沸或用高锰酸钾溶液浸泡，并在太阳下晒干备用。

2. 孵化设施

四大家鱼或黄颡鱼的孵化设施都可以用于加州鲈受精卵的孵化。

3. 催产药物

催产剂可用鲤鱼脑垂体(PG)和绒毛膜促性腺激素(HCG)及促黄体素释放激素(LRH-A_2)。

(二)亲鱼选择与培育

1. 亲鱼来源

加州鲈后备亲鱼可在本地区繁殖培育、养殖的成鱼中选择，雌、雄鱼尽可能异地选配。应挑选特征明显，体质健壮，无伤病的个体作为后备亲鱼。加州鲈饲养得好，1 年就可达到性成熟，但繁殖时还是以 2 冬龄以上、体重在 500 克以上的为好。

2. 亲鱼的运输

所有鲈鱼背鳍都有尖锐的硬棘，加州鲈也一样，这给运输带来一定的难度。运输工作做得好坏直接关系到亲鱼成活率。应做好以下几项工作。

(1)运输前的准备。首先要摸清运输路线,做好运输的衔接工作,摸清运输里程及沿线水源、水质情况;其次要选好装运工具;第三要及时做好亲鱼的清点工作,以便随时起运。运输前必须有专人负责各项准备工作,并严格检查落实。

(2)运输方法。加州鲈亲鱼的运输与家鱼运输方法相似,可采用车、船、飞机等多种运输工具。运输容器有运鱼桶(帆布桶、帆布袋、木桶等)、橡皮袋、特制铁皮箱等充氧运输工具。麻醉干运的方法,也适合加州鲈亲鱼运输。

(3)运输中的管理。加州鲈色亲鱼运输水温以 5～15℃为宜,于秋冬季运输为好。在水温过高的季节,应尽量把运输时间安排在清晨或夜间。起运后要经常观察亲鱼的活动情况,发现有浮头现象,要进行水体搅拌或更换新鲜水。换水时要注意温差,一般水的温差不能超过 4℃。温差过大时,要徐徐加入,逐渐调节水温,加入的水一定要清洁,含氧量高。运输路途远,且用橡皮袋装运时,如路程超过 24 小时,途中要充氧 1 次(事先准备好氧气瓶)。加州鲈亲鱼运输到目的地后,暂不打开箱袋,而是将橡皮袋直接放入池塘内或网箱内 10～15 分钟,使袋内外温度一致时,再解开袋口,将亲鱼放入池中;或者直接打开橡皮袋,缓慢加入当地养殖用水,直至袋中水温、水质与当地养殖用水的水温、水质基本一致,再将橡皮袋中水、鱼缓缓放入池中,加水、缓苗过程要在 15 分钟以上。在放入池中之前最好对亲鱼进行 1 次消毒,用高锰酸钾或食盐均可,以防止亲鱼受伤病菌侵入鱼体而发病。

3. 亲鱼的强化培育

引入的后备亲鱼性腺发育尚不充分,如果不进行专门的培育,很难达到理想的催产效果,人工繁殖也不会获得预期的结果。因此,培育出优质的加州鲈亲鱼是开展加州鲈人工繁殖工作的基础。

下面介绍两种后备亲鱼强化培育方法。

(1)专池培育。

①鱼池选择。亲鱼培育池要靠近水源,排灌方便,面积以1～3亩为宜,水深1.5～2米,池水清新,溶氧含量高,水质呈中性或微碱性。

②放养密度。每亩放养后备鱼500～600尾,规格400克以上。

③饲养管理。投喂小鱼、小虾,每隔一段时间向池中投放一些抱卵虾,让其繁殖幼虾,供亲鱼捕食。夏秋季每天投喂1～2次,水温降到12℃以下时,少投或不投。2月底至3月初开始对亲鱼进行强化培育,投足饵料,保证有充足的营养,以满足性腺发育的需要,可投喂鲜活野杂鱼、虾或冰冻小杂鱼,日投量为亲鱼总体重的8%～10%。保持池塘水质清新,溶氧量充足,水质透明度低于20厘米时,要换注新鲜水,雷雨季节,要经常开增氧机,特别是清晨3～4时,亲鱼容易因缺氧而浮头,如果经常浮头,会延缓性腺发育,因此要加强巡塘及水质变化的观察。

(2)套养培育。加州鲈亲鱼可以套养在家鱼亲鱼池中进行培育。

①套养池塘的选择。加州鲈亲鱼不耐低氧,要求水质清新。最好是套养在草鱼亲鱼塘内。草鱼亲鱼池,一般水质条件较好,溶氧量高,同时在注入新水和投入水草的同时会带入一些野杂鱼、虾,这正好是加州鲈亲鱼的饲料。

②套养加州鲈亲鱼的密度。在家鱼亲鱼塘中套养加州鲈亲鱼数量多少,可依据家鱼亲鱼塘内野杂鱼、虾量的多少来决定,通常情况下,每亩家鱼亲鱼塘内如可清出40千克左右的杂鱼、虾,这样每公顷鱼塘可以放75～100组加州鲈亲鱼,不宜放得太多。冬季将加州鲈亲鱼捕出,集中到专池中培育。

③套养培育中的日常管理。要特别注意水质的变化,加州鲈耗氧量大,比家鱼耐低氧能力差,对水质要求比较高。特别是在夏

季天气闷热时，要加强巡塘，尤其在清晨3～4时，发现异常，应立即开启增氧机，如发现家鱼有浮头现象，则加州鲈恐早已缺氧而死亡了。

在家鱼亲鱼塘内套养加州鲈亲鱼，能清除池内的野杂鱼、虾，可减少和家鱼亲鱼争食的野杂鱼及虾类，有利于家鱼亲鱼的性腺发育，还能节省大量的人工饲料，在不减少家鱼亲鱼放养量的情况下，培育了加州鲈亲鱼，对家鱼亲鱼和加州鲈亲鱼培育是互利的。

以上两种培育亲鱼的方法各有利弊。专池培育的优点是比较集中，便于管理，亲鱼性腺发育整齐，翌年春繁殖时产卵比较集中。缺点是饲料来源比较困难，而且增加了培育的成本。套养的优点是利用池内野杂鱼、虾作饵料，不用再投饵，饲料成本低。缺点是亲鱼性腺发育有迟有早，不一致，难以短期内集中进行繁殖。假如在冬季将加州鲈亲鱼集中到专池，加强越冬培育和开春后的管理，可以弥补其不足。

（三）人工催产

将培育成熟的加州鲈亲鱼配组，注射合适的催产药物后放入准备好的产卵池中，加州鲈即能完成产卵活动。从而实现加州鲈的人工催产。自然界中，加州鲈性腺发育至第Ⅳ期时，在水温等条件的刺激下，就会迅速成熟，这是因为水温刺激了内分泌腺，产生性腺激素，促使加州鲈性腺由第Ⅳ期迅速发育到第Ⅴ期。加州鲈的繁殖水温为18～26℃，在这个温度范围内，性腺成熟的亲鱼不经人工催产也会自然产卵，但产卵时间非常分散，会严重影响加州鲈繁育工作的得苗率，胚胎发育时间不一致，鱼苗规格严重不齐。人为注射催产激素，是为了促使加州鲈亲鱼按照人的需要和安排进行产卵和排精，从而增加加州鲈繁育工作的计划性，这正是人工催产工作的意义所在。

1. 催产亲鱼的选择

4月上旬，水温逐渐升高，亲鱼性腺发育日趋成熟，这时就可选择性腺成熟好的亲鱼准备催产。成熟亲鱼的标准是体格健壮，雌鱼体色较暗，鳃盖光滑，胸鳍呈圆形，生殖孔红肿突出，圆形，并有模糊辐射线，卵巢轮廓明显，腹部膨大，后部松软而有弹性，将加州鲈雌亲鱼腹部朝上时有明显的凹陷，用手轻压，有卵粒从生殖孔流出；雄鱼体色稍艳，鳃盖略粗糙，胸鳍狭长，生殖孔略凹，无辐射线，腹部较雌鱼小，性成熟后，腹部稍软，轻压腹部有精液流出。同一批催产的亲鱼要选择性腺成熟度大致相同的，以便能使产卵时间一致，孵出的鱼苗规格整齐，避免大小不一，相互残食，降低成活率。雌雄鱼比例以1∶1或3∶2为宜。

2. 催产药物的选择及使用

(1)药物种类。适用于加州鲈催产的催产剂有4种，即绒毛膜促性腺激素(HCG)、促黄体素释放激素($LRH\text{-}A_2$)、马来酸地欧酮(DOM)、鲤鱼脑垂体(PG)，1种或2种、3种混合使用均可。PG和DOM的作用可以相互替代，但用量不同。

(2)使用剂量。在生产上常用下列的量催产加州鲈：每千克亲鱼注射HCG 1 000～2 000单位，或PG 5～6毫克(或DOM 3～5克)；每千克体重HCG 800单位加PG 3毫克(或DOM 1.5克)混合使用；每千克体重HCG 500单位加PG 3毫克，加$LRH\text{-}A_2$ 20微克，混合使用，1次注射或分2次注射均可，如分2次注射即第一针剂量为总量的1/3，相隔9～12小时再注射2/3。雄性第一针不打，雌亲鱼打第二针时才注射，剂量是雌鱼的一半。雄鱼性成熟状况对雌鱼产卵有明显的影响，挑选时务必选择精液充沛、体壮活泼的雄鱼参加配组繁殖。

(3)效应时间。加州鲈催产的效应时间长短与水温高低有关，水温15℃时，效应时间100小时；水温16～18℃时，效应时间48～52小时；水温22～26℃时，效应时间18～30小时。

3. 注射液的配制及使用

HCG为白色结晶，DOM和$LRH\text{-}A_2$为固体，使用时根据计划催产的亲鱼总体重计算出催产药物重量，然后用少量 0.7％氯化钠溶液溶解充分溶解，再单用或混合使用，DOM 和 PG 要先经过研钵充分研碎，再用氯化钠溶液制成悬浮液备用。药要随配随用，不能放置太久，否则会影响效果。PG 要事先准备好，并保存于丙酮或干燥器内，用前从丙酮中取出，以滤纸吸干残液，放置 10 分钟再用。几种催产药物混合使用时，应将几种激素混在一起充分摇匀后再注射。

用经过消毒的注射器（包括针筒和针头）吸进上述配制好的催产剂开展加州鲈的人工催产，注射方法有两种，一种是腹腔注射，另一种是肌肉注射，两种方法都可以取得预期的催产效果，但各有优缺点，腹腔注射时催产剂不易流失，效应时间较短，但操作不易；肌肉注射时进针容易，亲鱼受伤少，但将注射液慢慢推入肌肉，针头退出后用酒精棉球按住针眼，轻轻揉动，避免药液流出。注射器使用前应在开水中煮沸 30 分钟。注射时最好两人配合操作，1 人握住鱼体，用毛巾擦去注射部位的水分，使鱼侧卧或仰卧于毛巾垫好的水池台上或桌上，1 人负责注射操作。腹腔注射部位紧靠心脏，针头不能插入过深，否则会刺伤心脏，进针也不能太浅，否则针头会脱出。肌内注射，在背鳍和侧线之间的背部肌肉进针，针头朝向头部，用针头轻轻挑起鳞片，刺入 1.5～2 厘米。

（四）孵化

加州鲈的催产效应时间较长，水温在 22～26℃时，注射催产剂后 18～30 小时产卵，开始时，加州鲈雌鱼进入雄鱼筑好的产卵巢内，雄鱼不断用头顶撞雌鱼腹部，发情达到高潮时，雌雄鱼腹部相互贴近完成产卵、授精，受精卵黏附事先设置的鱼巢上，将附着受精卵的鱼巢轻轻提起放入孵化设备中，即开展加州鲈受精卵的孵化工作。当然也可将受精卵留在产卵池中进行原池孵化，但应将产后亲鱼全部捕出，以免亲鱼吞食鱼卵和鱼苗。

1. 孵化设施的准备

将准备用于加州鲈受精卵孵化的孵化桶、孵化环道及其他孵化设备用高锰酸钾或漂白精等消毒。完善进排水设施及孵化工作必须的工具和设备，进水备用。

2. 受精卵收集

加州鲈产卵时间一般集中在凌晨时分，日出前将附着加州鲈受精卵的鱼巢移入孵化桶或孵化环道，提起鱼巢时要轻拿轻放，防止受精卵脱落，白天收集鱼巢时要在鱼巢上覆盖湿毛巾，防止紫外线损害胚胎。收集起来的鱼巢应经粗略计数，并统计受精率。鱼巢连同受精卵放入孵化设施前应经亚甲基蓝或甲醛溶液浸洗消毒。

3. 胚胎发育

加州鲈受精卵为半透明黏性卵，卵径1.3～1.5毫米，18～26℃的水温，是其最佳孵化温度。当水温为24～26℃时，经31小时孵出仔鱼(表2-1)。

表2-1 加州鲈胚胎发育时序(水温22～24℃)

发育期	特征	时间(时/分)
受精卵	近圆形，具有黏性，浅黄绿色，有一橙色油球	
胚胎隆起	原生质向动物极集中，突出形成丘状隆起	0/35
2细胞期	胚胎径裂为2个大小相等的分裂球	0/57
4细胞期	分裂球再次径裂为4个大小相近的分裂球	1/20
8细胞期	两个径裂面形成8个分裂球	1/40
16细胞期	两个径裂面形成16个分裂球	2/50
32细胞期	4个径裂面形成32个分裂球，排成4行	2/27
多细胞期	分裂球越分越小，排列逐渐不规则，胎盘逐渐变圆	3/17
囊胚早期	细胞界限模糊不清，有很多分裂球突出在卵黄上	3/51
囊胚中期	囊胚高度降低，并向卵黄部分扩展	5/16
囊胚后期	囊胚高度继续下降，呈新月形覆盖在卵黄上	7/45

续表 2-1

发育期	特征	时间(时/分)
原肠早期	胚胎继续扩大,胚环出现	9/35
原肠中期	胚层出现,下包约达卵黄的 2/3	12/30
原肠晚期	胚层前端稍微膨大,下包达卵黄的 3/4	13/58
胚孔闭合器	胚层完全包围卵黄,胚孔闭合,配体出现	15/50
耳囊期	1 对呈泡状的耳囊出现,体节 14～16 对	21/30
心跳期	耳囊出现 1 对耳石,心脏每分钟搏动 73～75 次	28/45
出膜期	胚体破膜,体节 27～30 对,心脏每分钟搏动 107～110 次	30/35

4. 孵化

将受精卵孵化为鱼苗是人工繁殖的最后一项工作,如孵化方法不妥,管理不善,就会前功尽弃。受精卵大部分黏附在鱼巢上,可将鱼巢移至孵化器中孵化,也可留在原产卵池中孵化。

(1)孵化设施孵化。用于四大家鱼受精卵孵化的孵化桶、孵化缸、孵化槽、孵化环道等孵化设施都适合加州鲈受精卵孵化,具体采用何种孵化器应因地制宜。加州鲈的卵有黏性,可将附有加州鲈受精卵的鱼巢悬挂在孵化器内孵化,也可将脱落下来的受精卵集中放于孵化器内流水孵化。因孵化用水已经过滤,清除了有害的生物,专门的孵化器孵化可使加州鲈受精卵的孵化率大大提高,同时孵出的加州鲈鱼苗的时间比较一致,密度较大,容易集中,便于鱼苗批量出售或苗种的专池培育。

(2)原池孵化。即在加州鲈亲鱼产卵池中就地开展加州鲈受精卵的孵化,因产卵池水体较大,流水条件不如专用孵化器,因此,原池孵化时,产卵池水质必须清新,溶氧量要高,有微流水或增氧措施。

加州鲈为多次产卵类型鱼类,在一个产卵池中,可连续几天见到亲鱼产卵,亲鱼产卵结束后,应及时将亲鱼全部捕出,以免产后亲鱼损害鱼卵和鱼苗。孵化期间保持池水清新,溶解氧充足。当仔鱼孵出开始游动时，要移走孵化巢，将仔鱼培育成苗种或捕苗出池。

（五）加州鲈的自然繁殖

加州鲈产卵时的主要环境因素是温度，在加州鲈亲鱼培育达到一定的积温时，不用药物催产加州鲈也能自然繁殖。在人工繁殖技术不足，人工繁殖的设施、设备条件不具备，或者苗种需求较少时，可以开展加州鲈自然繁殖工作。方法有以下两种。

1. 土池自然繁殖

在繁殖季节之前1～2个月，准备好繁殖用的产卵池，池塘面积以1～3亩为宜，每亩用生石灰150千克干法清塘，1周后进水，使池水水深0.6～1米，将选好的亲鱼按雌雄比为1∶1或3∶2的比例放入池中，每日投喂新鲜小鱼、虾，适时注入新鲜水，保持水质清新，促进亲鱼性腺发育。到水温22℃左右时，雌鱼腹部膨大，体型粗壮，生殖孔红肿突出，有些个体轻压腹部就有卵粒流出。此时雄亲鱼在池底用尾鳍扇动沙砾或泥土，做成浅凹坑鱼巢，也有用水草筑巢的，巢径40厘米左右。也可投入人工鱼巢，放置在池周水深40～50厘米处。亲鱼性腺若已经成熟，就能自然产卵受精，受精卵在土池中自然孵化，孵出的仔鱼由雄亲鱼保护。自然繁殖虽可省去许多事，但产卵孵化时间不一，而且水中有害生物较多，苗种规格不一，孵化率也不高。

2. 水泥池自然繁殖

在接近加州鲈生殖季节，要准备好水泥池，池面积不宜过大，以100米^{2}左右为宜，用漂白精等消毒剂消毒，进水0.6～0.8米，投入经过选择的亲鱼。一般每2～3米^{2}放一组亲鱼。水泥池池壁四周每隔1米放置1个人工鱼巢。也可投放木制的产卵箱。产卵箱的规格为68厘米×65厘米×15厘米，箱底部放置一层10厘米厚的砾石，池中每隔1.5米放置1个。水温达到18～25℃时，雄鱼先进入人工鱼巢或产卵箱筑巢，雌鱼产卵后，雄鱼立刻排精。

产卵结束,雄鱼赶走雌鱼,单独守护在产卵巢(箱)周围,直到仔鱼孵化出膜。出苗后,雄鱼对仔鱼仍进行保护,直至各仔鱼器官发育完整。

(六)加州鲈人工繁殖中存在的主要问题

加州鲈已成为特种鱼类养殖事业中最重要的品种之一,其成鱼养殖规模和产量、效益都好于大部分特种水产养殖品种,因此,加州鲈的繁殖工作也越来越受到广大养殖户和水产科技工作者的重视,各地相继开展了加州鲈繁殖技术的探索和研究,并形成了相对成熟的加州鲈繁殖技术,为加州鲈养殖产业的迅速发展做出了重要贡献,但根据各地加州鲈苗种的生产实际,繁殖单位对加州鲈繁殖技术的应用还存在着很多不足,苗种生产还不够稳定,不同程度上影响了加州鲈养殖规模的进一步扩大,也影响着加州鲈养殖经济效益的提高,必须加以解决。下面是加州鲈人工繁殖中经常出现的几个问题。

1. 亲鱼难产死亡多

死亡的多数为 2 龄以上的亲鱼。因难产而死亡的鱼腹部膨胀,剖检见卵巢部分卵子吸水膨胀。造成死亡原因有以下两个方面。

(1)亲鱼性腺发育不好。有的雌亲鱼,虽然腹部膨胀,但不松软,生殖孔过分突出。这种亲鱼容易发生难产,不宜作繁殖用。

(2)催产剂用量不当。剂量过大或不足,均会发生难产。经验证明,在人工繁殖时用鲤鱼脑垂体和绒毛膜促性腺激素混合使用效果较好,剂量的多少还应在实践中摸索。

2. 卵子不受精或受精率低

造成受精率低下的主要原因有以下两个方面。

(1)亲鱼不够成熟。卵子和精子质量差。对此应在亲鱼培养上下功夫,挑选亲鱼时一定要挑选性腺发育良好、体格健壮、2 龄左右的个体。

(2)雌雄个体大小悬殊。发情、产卵、排精不同步。加州鲈性情温顺,喜爱宁静,亲鱼产卵时要保持环境安静,避免亲鱼受到干扰。

3.受精卵受水霉菌感染严重

3～5月份气温变化较大,寒流到来时水温常突然下降,水体温差太大对胚胎发育影响甚大,特别是水温在18℃以下时,适于水霉菌的生长,因而容易引起水霉菌感染。另外,水质不好,池塘和孵化巢未经消毒,也易感染水霉菌。因此,孵化巢的消毒,非常重要,最好是将受精卵放在室内孵化器内孵化。室外孵化则要注意天气变化,催产应要选择未来3～5天没有寒流影响、天气晴好时。受精卵孵化期间,加强孵化管理,定时开展消毒、杀霉防霉工作,确保在胚胎在出膜期前水霉菌不会大量感染,这是提高加州鲈受精卵孵化率的关键。

三、苗种培育

加州鲈5日龄前鱼苗,基本依靠卵黄囊供应营养,称为内源性营养阶段。5～9日龄,鱼苗体长6～10毫米,口裂为400～700微米,肛门全通,消化道弯曲2次,鳃耙3～5个,幽门垂3～7个,此时全部能水平游动,平游能力较强,仔鱼肠道内发现有盘肠蚤和粉红粗元蚤等小型枝角类。5～8日龄是靠卵黄囊及捕捉枝角类、轮虫类等获得营养,称为混合营养阶段。9日龄以后,卵黄囊全部消失,鱼苗已从内源性营养完全转为外源性营养,靠捕食浮游动物获得营养。鱼苗至11日龄,全长达11～12.5毫米,消化道盘曲2次,鳃耙5～6个,此时开始捕食团头鲂和草鱼鱼苗,同时也摄食枝角类、桡足类、轮虫类、藻类等。14日龄时体长14.5～15毫米,口裂达1 100～1 200微米,消化道弯曲4次,鳃耙7～8个,幽门垂14～16个,能大量摄食鱼苗,肠道内浮游动物出现率渐少,说明食性已开始转换,以浮游生物为主转为捕食鱼苗为主。31日龄的稚鱼，体长已达33毫米多，全身披鳞，各鳍发育完整，消化道弯曲4次，鳃耙8～9个，幽门垂28～32个，各器官已基本发育完善，开始进入幼鱼期，以人工投喂夏花鱼苗为主要饵料。

加州鲈为肉食性鱼类，稚鱼阶段以浮游生物为主要食物，11～14日龄时，食性开始转为肉食性，肠管内开始出现鱼苗，其中也有加州鲈的鱼苗，长大后掠食小鱼、小虾、水生昆虫等。在人工饲养时应对幼鱼摄食对象适时驯化，尽快促使加州鲈幼鱼转变为以肉食为主的杂食性，从而有利于配合饲料的投喂。

(一)培育池准备

加州鲈鱼苗发育过程中，食性由浮游生物转向以小鱼、虾为主的肉食性，再转向肉食性为主，兼食配合饲料的杂食性，需要精心驯化。在加州鲈鱼苗不同食性阶段准备适口的饵料，对提高加州鲈鱼苗培育成活率至关重要。其中，充足的加州鲈开口饵料更是提高苗种成活率的关键。因此，加州鲈夏花培育必须认真开展池塘准备，充分培育浮游生物，确保加州鲈开口时即有充足适口的天然饵料。

①水泥池。面积30～100米^{2}为宜，水深0.6～1米，要求排灌方便，水源洁净而充足，进水前应进行全池消毒，最好配备增氧充气设施。进水口以40目筛绢网过滤敌害生物，排水口也用40目筛绢网覆盖，防止鱼苗逃逸，培育期间经常换水或微流水。

②池塘。面积1～3亩，水深0.8～1.2米，要求底质淤泥少，最好为沙砾底质，鱼苗下塘前7～10天，用生石灰清塘，施放发酵后的有机肥培育水质，待池水中轮虫、小型枝角类达到高峰时，投放加州鲈鱼苗。加州鲈鱼苗靠视觉捕食，因此，池水不要过肥，透明度控制在25厘米左右，池水过肥，应于放苗前进水稀释池水肥度。池塘进水时必须用40目以上筛绢网严格过滤。防止敌害生物入侵。

(二)鱼苗放养

有流水条件等培育设施的水泥池,鱼苗放养密度可大些,初期每平方米可以放养卵黄苗10 000～15 000尾,2厘米后及时疏稀至500～800尾,2～3厘米时200～300尾,3～4厘米时100～200尾,用水泥池将加州鲈鱼苗培育至3～4厘米,需要35～45天;土池培育加州鲈夏花,放养密度控制在每亩4万～10万尾,培育时间一般需要20～30天。

(三)日常管理

1.喂养管理

在加州鲈出膜3天后,体长达5～6毫米时,口宽达225～300微米,消化道开通,仔鱼开始摄食。将这样的鱼苗按上述放养密度放入已培育好适口天然饵料的培养池中,此时池中的小型浮游生物正好适口。为保持池中适口饵料的密度,在鱼苗下池后,每天上午9时、下午1时在池四周各泼喂豆浆1次,黄豆用量为每亩每天2千克,有条件的地方可以捞取适量的浮游生物投入池中。为培肥水质,促进浮游生物的繁殖,每隔10天左右追施尿素1次,用量为每亩2.5千克。待加州鲈鱼苗长到1.5厘米时,可以将鲤鱼、鲫鱼等受精卵的孵化巢放入加州鲈培育池,让其在池塘内孵化,出苗后作为加州鲈苗种的饵料;也可以将鲤鱼、鲫鱼的鱼苗直接放入培育池。经10～15天的培育,加州鲈鱼苗体长达到2厘米后,开始人工饵料(鱼糜)的投饵驯化,日投量约0.5千克/亩,具体方法是:先沿池边均匀投撒,逐渐向自定的投饵点集中,投撒覆盖70%以上池面积,投喂要耐心,日投4次(7时、11时、15时、18时),每次以看不到鲈鱼聚拢争食为止,用时约40分钟。经过7～10天的驯化,加州鲈就能习惯于定时定点集中摄食。一般6月上旬培育期结束需投喂鱼糜约30千克/亩,投放饵料鱼苗(鲤、鲫乌仔)约20万尾/亩。

加州鲈食欲旺盛,幼鱼日摄食量可达到体重的50%。饵料不足，或不适口，都会造成加州鲈培育成活率的降低，而加州鲈掠食习性决定了人工养殖加州鲈时不可能随时随地满足加州鲈适口、充足的天然饵料，因此，人为改变加州鲈的食性，将加州鲈驯化成摄食方便易得的人工饲料，就成为加州鲈养殖成败的关键，加州鲈的驯食工作应重点有以下几点。

①驯饲时间。人工饲养中若在幼鱼期及时驯饲，能使其养成以肉食性为主的杂食习性，可摄食配合饵料或死鲜杂鱼，这样就能降低养殖成本。驯饲成功的前提是要把握驯饲的适宜时间，不可太早，也不宜太迟。早了鱼体尚小，活体饵料易满足需求。若操之过急，过早驯饲，往往在初期不适应而导致自相残食。驯饲过迟，因食性已经习惯而难以驯化。因此，加州鲈驯饲必须适时，可据饵料来源以及幼鱼生长状况，开始不同饵料的驯饲工作。

②适口的驯化饲料。根据加州鲈驯饲时选用与之相当的新鲜、适口饵料，是驯饲成败的关键，尤其在驯饲初期更需注意。刚死的四大家鱼乌仔、新鲜小杂鱼、条状的鱼肉、蝌蚪、螺肉、淡菜肉、水生昆虫等均可选用。首先用活饵来固定投饵位置，待鱼习惯于定点摄食后，即可用鲜饵来过渡。过渡期间可视适应程度，逐渐减少鲜活食的比例，增加配合饲料量，直至完全投喂人工饲料。

③适当的投喂方法。在加州鲈的食性驯化过程中，除定点投饲外，还要注意喂食方法。投食方法是否得当将关系到驯饲的成败。加州鲈的摄食方式属于掠食类型，若按其他鱼类常规饲养，将饲料放在食台或食场上，不但难以改变其食性，即使有部分被摄食，也极易造成饲料的浪费，还会因摄食不到适口饵料而导致自相残食。因此，必须根据加州鲈的摄食方式，采用与之相适应的投喂方法。通常采取定时、定点、抛投为宜。一般在上午 8～9 时，下午 2～3 时饲喂。在抛投饵料之前，以拍打水面、击水、拍击池边等方式，培养其对人的各种动作和声音与摄食相关的条件反射。抛投能引起抢食，增加食欲。

④驯饲应循序渐进。养殖鱼类食性的转变,需有一个过程,应循序渐进,不可操之过急。加州鲈驯食时应从活饵到鱼肉再到颗粒饲料一步步地渐进的进行。在具体的操作中,可按顺序先用活饵定时、定点抛投,等鱼习惯在固定地点、定时摄食后,再改喂新鲜饵料,适应之后,随之改喂配合饲料(粒径以适口为度)。在驯饲过程中,必须注意食物逐步改变的过程,不可一步到位。加州鲈对新的食物种类有一个从拒食到习惯的摄食转变过程。因此,当刚用鲜食更替活食,或用配合颗粒饵料替换鲜食时,出现不摄食,或入口后即吐出的行为,均属正常现象,只要坚持投喂下去,鱼就会慢慢适应,大致经过 1 周左右,就可以完成食性改变过程,进入正常的饲养阶段。

2. 水质管理

加州鲈喜欢水质清新、溶氧充足的环境。要十分注意水质变化,保持良好水质是培育工作的重要环节,要经常巡塘,发现水质不好,要及时增氧或注入新鲜水,保持充足的溶氧量。因此,整个养殖过程中,水质不宜过肥。特别是夏秋季,由于投喂大量饵料,极易引起水质恶化,一定要坚持定期换水,注入新水。一般每 10 天至半个月换水 1 次,每次换水 1/3,使水的透明度保持在 40 厘米左右,为加州鲈鱼生长提供一个良好的水域环境,水位管理也很重要,加州鲈放养初期,由于水温偏低,池塘水位可以浅一些。7～8 月份,随着水温、气温升高,要逐步把塘水加满,扩大养殖空间,以利于其生长。汛期和台风季节,还要做好防汛防台工作,严防漫水逃鱼。鱼池环境管理主要是使鱼池清洁安静。加州鲈喜欢清洁安静的环境,吃剩的饵料鱼块、配合饵料,塘边杂草及水面垃圾要及时清除。保持环境安静,每天除投喂巡塘外,一般不要多打扰、多惊吓,以利于其安静舒适地生长。

3. 及时分养

加州鲈有互相残食习性,鱼苗长到 3 厘米左右时,鳞片完全长好，就可拉网起捕，进行分筛，按大、中、小三级，分 3 个池塘培育，以后每隔 10～20 天筛选 1 次，分级培育，同一池塘放养的鱼苗，以体重相差不到一半为宜。分级培养不但能提高成活率，同时还可提高鱼苗生长速度。

(四)加州鲈苗种培育工作中的一些问题

1. 成活率低

实际生产中，加州鲈夏花苗种培育死亡率较高，其主要原因是适口饵料不足。出膜 3～4 天，仔鱼开口摄食，如果此时没有适口(此时因口小，只能摄食小型的浮游动物)饵料，就会大量饿死。在 11～15 日龄时，食性又开始转换，如此时没有适口的小活鱼等投入，也会饿死。1 个月之后，稚鱼各器官发育完善，食性又开始转换，若饵料仍供应不足，还会饿死。因此，有充足适口饵料供应，是提高成活率的关键。

2. 温度过低、温差过大

3 厘米以下的加州鲈苗种对温度变化特别敏感，而加州鲈的繁殖季节就在天气变化较大的 3～5 月份，生产上常因寒流侵袭，水温骤降至 15℃以下，造成大批苗种死亡。培苗池的水深应保持在 1 米左右，寒流到来之前应采取保温措施，如催产过早，应有保暖设施。

3. 密度过大，大小不匀，互相残食

放养密度大，易发生相互残食，每立方米水体放 2 厘米以下鱼苗以 500 尾为宜，2～3 厘米的放养 150 尾比较合适，有条件的还可适当少放。放养时注意大小规格一致，不能相差太大。因生长快慢不一，一段时间以后，又会出现大小悬殊的情况，也会引起相互残食。一般应隔 10～20 天筛选 1 次，分级放养，大、中、小分塘培育，这样可减少互相残食的机会。

三、成鱼养殖

加州鲈具有适应广、生长快、病害少、易起捕、肉味美、营养价值高、市场前景好等特点，适于多种水域、多种方式养殖。池塘单养、池塘混养、水泥池饲养、网箱养殖和工厂化养殖方式都能获得高产；同时，因该鱼较贪食，易上钩，又是发展游钓渔业的好品种。因而成为发展优质高产、高效益的养殖新品种之一。

(一)加州鲈成鱼的一般养殖技术

1. 养殖设施

主养鱼池可小些，土池面积以 2～5 亩为好，水深 1.5～2.5 米，混养鱼塘面积不限。水泥池或养鱼工厂的养殖池以圆形为好，面积 50～100 米^2，养殖设施应靠近水源、水质较好、交通方便、饵料来源丰富的地方，要建好排、灌水系统，做到能灌能排，旱涝保收。

2. 养殖方式及放养密度

加州鲈养殖方式有单养、主养和混养等。池塘单养的鱼种规格可稍大一些，每亩放养 8～10 厘米的苗种 1 000～3 000 尾，经过 5～6 个月精养，年底平均出池规格可达 200 克以上，每亩可产 150～500 千克。水泥池单养，池塘面积不宜过大，以 50～100 米^2 为宜，每平方米放养 20～30 尾。网箱单养以 16～50 米^2 面积为宜，设置在水库、湖泊、河流、池塘等处，放养规格为 5～6 厘米的鱼种，密度为每平方米 20～30 尾，年底每平方米可收获 10～15 千克。主养池塘以加州鲈为主，放养鲢鱼、鳙鱼、鲤鱼、鲫鱼为辅，鲢鱼、鳙鱼摄食浮游生物，控制水质变肥，鲤鱼、鲫鱼能清除残饵，不至于浪费饵料。主养池中的家鱼规格要比加州鲈大，特别是鲤鱼、鲫鱼均应在 10 厘米以上。混养既可利用家鱼的成鱼池塘和亲鱼池，也可以利用 2 龄鱼种池。通常选用 500 千克以下中低产成鱼池进行混养，利用混养池中的野杂鱼作饵料，每亩放养 3～5 厘米的加州鲈苗种 50～100 尾，如果采用人工补充投喂饵料鱼，还可以增加放养量。加州鲈经 5～6 个月饲养，年底每亩可收到10～20 千克商品鱼，尾重可达 200～300 克，个别的可达 500 克。无论何种方式养殖，所放的加州鲈苗种都要体质健壮，无病无伤，同一养殖池塘要放相同规格，1 次放足，混养对象均要比加州鲈的个体大，以避免被加州鲈捕食。

3. 饲料来源和投喂方法

（1）饲料准备。

①建立饵料鱼囤养池。可利用鱼种池，将鲢鱼、鳙鱼种苗高密度放养，放养量为 20 万～30 万尾/亩，加州鲈养殖池面积和饵料鱼养殖面积比为 1∶1.5。饵料鱼培育不仅可提供大量的活饵料，年底还可收获一定量鲢、鳙鱼种，一举两得。

②同池培育饵料鱼。在养加州鲈的池塘中用密眼网布围出一块面积，放养鲢鱼、鳙鱼的鱼苗，培育活饵料，就地供应。

③捕捉野杂鱼。利用当地野杂鱼资源，作为饵料，特别是在水网地区，野杂鱼资源丰富，可定时设网捕捉。也可从市场上收购野杂鱼作加州鲈的饵料。

④配合饲料。既可利用鳗鱼的配合饲料，也可以按加州鲈的营养需要配制专用配合饲料或者直接采用饲料厂加州鲈全价配合饲料，配合饲料要制成大小适口的颗粒。

（2）投喂方法。加州鲈有吃活鱼、虾的习性，投喂饵料的方法很有讲究，特别是投喂鲜杂鱼、虾和颗粒饵料，不仅要经过驯饲，还要讲究投喂的方法。

①定时定点高抛投饵。一般每天投喂两次，上午 9～10 时，下午 3～4 时，各投 1 次。定点定量，在相对固定的投饵地点，投喂之前拍击池壁或池水，等鱼游至投饵地点时，高抛饵料，使饵料入池时形成动感，引诱抢食。饵料高抛范围要大些，让所有的鱼都能吃到，促进均衡生长。日投饵量为塘鱼总体重的 5%～10%。要根据喂食时加州鲈的摄食状况灵活掌握，一般掌握到对抛下的饲料加州鲈不再抢食为度。

②不同阶段采用不同的投喂方法。加州鲈的不同生长阶段，

投饵方法应有区别。放养初期，因加州鲈个体小，摄食能力弱，主要投喂活饵料，要求饵料大小适口，少量多次投喂，还要投喂一些浮游动物，作为补充饵料。当然，在成鱼养殖之前，已做好驯饲工作的苗种在放养到新的养殖水体时可用直接投喂鲜杂鱼或颗粒饲料。

4. 日常管理

(1)水质管理。夏秋高温季节，正是加州鲈摄食旺盛和快速生长的季节，剩饲料及鱼的排泄物又容易引起水质变坏，因此，在加州鲈的养成阶段要特别注意水质变化情况，10～15 天应换水 1 次，每次要换去池水的 1/3。透明度应保持在 30～40 厘米，如果没有条件大量换水，则应 10～15 天全池泼洒有益微生物制剂 1 次，确保水质的各项指标满足加州鲈成鱼养殖需要。

(2)水位管理。加州鲈放养初期，为提高鱼池水温，促进生长，水位应浅些，即 1 米左右；7～8 月份，随着水温升高，逐步将池水加深，以扩大养殖空间，降低水温；梅雨季节，要做好防台风防汛工作，严防洪水倒灌入养鱼池或池水溢出而引起逃鱼。

(3)鱼池环境管理。要建立巡塘检查制度，坚持早、晚各巡塘 1 次及夏秋季的清晨 3～4 时巡塘。清晨 3～4 时是一天中水体溶氧量最低的时期，要观察加州鲈有无缺氧浮头的现象及水质变化情况，及时开增氧机和注入新水，严防浮头和泛塘事件的发生。在日常管理中也要十分重视保持池塘的环境清洁和安静，及时将剩下的残饵捞出。所用的渔网和捞海要严格消毒。要清除池边杂草，尽量保持养殖池环境安静，以免妨碍加州鲈摄食和游动。

5. 收获、暂养和越冬

加州鲈一般在 12 月底至翌年 1 月初起捕(视水温而定，南方晚，北方早)。可先用大网捕捞，然后再排干池水捕捉。捕获的加州鲈按不同规格分类，体重在 400 克以上的符合上市规格，以活鱼上市出售，规格较小者入池越冬(入池越冬之前要进行鱼体消毒)，为来年扩大养殖创造条件。

(二)池塘单养技术

1.池塘条件要求

池塘要求水源充足,排灌方便,不漏水,水深在1.5米以上,水质良好,无污染,底质为泥沙,少淤泥,面积3～10亩,配有增氧机和水泵。

2.放养密度

投放鱼种要健壮、无伤无病,规格宜大小一致,一次放足。一般于6月上、中旬放养6厘米以上的鱼种1 200～2 000尾/亩;若鱼种规格10厘米以上,可放养800～1 000尾/亩。此外,可适量混养大规格鲢、鳙鱼和白鲫,以摄取残饵和调节水质。鱼种放养时需用80毫克/升甲醛或3%食盐水药浴消毒,具体浸洗时间视水温、鱼体反应等情况灵活掌握。

3.饵料和投喂

加州鲈对饵料蛋白质要求高,饵料中蛋白质的含量为45.5%左右,除有条件投以活鱼、虾外,为降低成本,生产上对经驯饲的还可以投喂下列几种饲料。

(1)鳗鱼饲料。市场上有现成的鳗鱼饲料供应。加州鲈需含有高蛋白质的饲料,鳗鱼饲料正合适。

(2)配合饲料。已有加州鲈各种规格专用的饲料生产和出售。

(3)杂鱼肉浆。混入适量的麦麸、豆饼、玉米粉制成颗粒饲料。

投喂通常于上、下午各1次,高抛入池,慢慢投喂,直到不再抢食为止。一般在20～25℃水温时,日投量为池鱼总体重的10%～15%。

4.日常管理

(1)坚持巡塘。观察鱼群活动和水质变化,避免池水过肥,透明度保持在30厘米以上,发现问题及时解决。

(2)水质控制。夏季正是各种经济作物的栽培季节,尤其是水稻的栽插和生长季节，农药使用非常普遍，面源污染造成水体农药残留严重，严格防止农药、有害物质等流入鱼池中，引起加州鲈中毒死亡。

(3)科学投饵。投饵量要适中，切忌过多或不足，同时要避免长期投喂单一饵料。

(4)分级培养。15～20 天进行 1 次分养，选择天气晴朗的上午起网，挑选大小规格较一致的集中在一口池塘养殖。

(三)池塘混养技术

在放养常规养殖品种的成鱼、亲鱼或老口鱼种池塘中，混养适当规格和数量的加州鲈，不但可以清除野杂鱼、虾，充分利用水生昆虫、底栖生物，而且可以增加加州鲈产量，提高鱼塘的综合经济效益。

1. 池塘选择

加州鲈喜欢栖息于水质清新，溶氧丰富的水体内，可利用水源充足、排灌方便、水质良好的中低产池塘混养加州鲈。浅水小池、排灌不便的死水塘，不宜饲养加州鲈。成鱼塘或亲鱼塘中放养加州鲈要根据池塘条件决定放养的数量和规格，如在 2 龄鱼种池中放养，规格可小些。

2. 放养时间、规格和放养密度

为了防止加州鲈放养后捕食混养池内的养殖鱼类及自相残食，放养时间以 5～6 月份为好。此时池内有一定数量的野杂鱼虾和水生昆虫供它捕食。若放养过早，池内动物性饵料很少，放养过晚又缩短生长期。放养规格以当年繁殖的体长 3～4 厘米的夏花鱼种为好。放养密度应根据饵料来源而定。若不投饵，每亩放养 50～100 尾为宜，天然饵料丰富或人工投饵补充饵料的可适当多放些。

3. 加大主养鱼类的规格

成鱼池混养加州鲈，可以利用它摄食池中的小杂鱼、虾和水生昆虫，抑制野杂鱼、虾繁殖，避免与养殖鱼类争饲料、争溶氧、争空间，起到减少疾病、增加产值、提高优质鱼类比例的作用。加州鲈入池时，池塘内的家鱼规格要在200克以上，鲤鱼、鲫鱼规格至少应在10厘米以上，才能保证不被加州鲈捕食。如在2龄鱼种池塘内混养，要提高主养鱼种规格，还要降低放养的加州鲈苗种规格。

4. 适当投喂动物性饵料

加州鲈在混养池内喜爱捕食天然繁殖的野杂鱼、虾及水生昆虫，而天然饵料毕竟有限，不能满足加州鲈摄食的需要，因此，需要投喂一些动物性饵料，如小鱼虾、蚯蚓等，也可以在池塘内混养一定数量的罗非鱼，让其繁殖出小鱼，供加州鲈捕食。放养加州鲈鱼种的同时也可放入一些家鱼苗种作为饵料鱼。如有上述补充饵料，可增加加州鲈产量。

5. 加强日常管理工作

(1)保持池水溶氧量充足，水质清新。加州鲈对溶氧要求比家鱼高，要经常向池中注水，至少每10天注水1次。加强巡塘，及时开增氧机，发现家鱼浮头，加州鲈或许早已缺氧死亡。

(2)注意防病及调节水温。加州鲈抗病力强，较少发生疾病。鱼种阶段易患水霉病、车轮虫病、斜管虫病等疾病，严重时会引起死亡。平时要加强预防工作，如经常向池中泼洒生石灰水，可起到消毒防病的作用，同时也可调节pH值，使池水呈弱碱性，以适应鱼类生活的需要。夏天要增加水位降温，冬天也要保水越冬。

(四)网箱养殖技术

利用网箱对加州鲈进行集约化养殖是获取高效益的重要手段。

1. 放养水域选择

水面开阔，湖底平坦、无障碍物，水深在3米以上。流速在0.1米/秒，网箱周围有较好的水体交换和丰富的溶解氧。底质硬泥，淤泥较少。过往船只少，环境安静，水质清新、无污染。pH值在 7～8。

2. 网箱规格和网箱的设置

网箱规格可分为 2 种，即鱼种网箱和成鱼网箱。鱼种网箱用 20 目的被网和无结网片制成，成鱼网箱用 9 股聚乙烯有结 10 号网片制成。

(1)网箱规格。根据养殖加州鲈的规格，可大可小。可以做成以下规格：

鱼种网箱：①长 2.5 米，宽 2.5 米，深 2 米，材料为被网。②长 3 米，宽 3 米，深 2 米，材料为无结网。③长 6 米，宽 6 米，深 2.5 米，材料为无结 6 号网。④长 10 米，宽 10 米，深 3 米，材料为聚乙烯有结 8 号网。

成鱼网箱：长 5～8 米，宽 5～8 米，深 3～5 米，材料为聚乙烯有结 9 股 10 号网。

(2)网箱设置。根据水深，网箱可以是定置型的，也可以是浮筏式的，后者制作成本高，适合于水深 5 米以上的水域使用。

网箱的排列必须整齐规范，呈“品”字形排列。鱼种网箱箱与箱之间的距离可以相互连接，每一排之间的距离保持 4～5 米。成鱼网箱箱与箱之间的距离 5～10 米，每排之间的距离 10～15 米，便于生产船只的进出和饲养管理的操作。

定置性鱼种网箱可以相互利用毛竹桩固定排列，但成鱼网箱，每只箱都要成独立形式存在，用 4 根优质竹桩固定。鱼种网箱上纲绳高出水面 25～40 厘米，成鱼网箱上纲绳高出水面 50～70 厘米，随水位高低灵活升降。鱼种网箱箱底每只底角结一块砖头，成鱼网箱每只箱角系好一只沙袋，系好底角脚绳，一是保持箱体规范整齐，二是箱体遇到风浪时能保持稳定不摆动。浮筏式网箱设置在水库、湖泊、河流、池塘内均可，根据水位变化移动网箱，使网箱水深保持在 3 米以上。

3.养殖方式

(1)网箱单养。把加州鲈单独放在网箱内饲养,每天定时定量投喂饵料,产量较高。

(2)网箱套养。在网箱内主养加州鲈,同时将适口的鲢鱼、鳙鱼种一次性投足。在养殖过程中随着加州鲈的生长,在网箱内以食浮游生物为主的鲢鱼、鳙鱼也在不断生长,网箱内的加州鲈就有了充足适口的饵料了,并不受外界干扰地进食。由于饵料鱼数量逐渐减少,加州鲈的饲养密度可以保持在相对合理的范围内。

4.养殖技术

(1)进箱时间。根据各地气候条件而定,水温达15℃以上,就可放鱼种进网箱,时间越早越好,可增加生长时间。要考虑饵料鱼的来源,如果利用鲢鱼、鳙鱼苗作饵料进行套养,则要考虑鲢、鳙繁殖季节及水域中鲢鱼、鳙鱼自身的饵料——浮游生物的繁殖季节来安排加州鲈苗进箱时间。

(2)放养密度。网箱单养加州鲈,密度以每平方米放养20～25尾为宜;套养密度每平方米6～8尾。饵料鱼鲢、鳙鱼同时进箱套养,其密度以占加州鲈鱼种的250～300倍为宜。进行加州鲈苗种网箱培育时,规格在4～5厘米/尾,每平方米放养1 500～2 000尾;规格在10厘米左右的鲈鱼,每平方米放养1 000～1 500尾。

(3)饵料。不论是单养或套养,加州鲈的饵料鱼均要适口,如果饵料鱼的体长为加州鲈的70%以上,加州鲈捕食就有困难,吞不下,咬不断,会被卡死;如个体太小,每天吞食的饵料数量过大,会提高饲养成本;饵料鱼的体长应为加州鲈体长的30%～50%。人工驯饲成功后,网箱养殖过程中一般以冰鲜海、淡水鱼作为主要的饵料来源。刚进箱的鱼苗,每天投喂4次,上午7时、10时,下午2时、5时各1次,饲养20天后改为每天早、中、晚3次。随着加州鲈逐渐长大,以投喂适口鱼块或配合饲料为主,每天2～3次,投喂量为鱼体重量的5%～6%。必须经常观察鲈鱼的生长情况，以调整投饵量，确保吃饱吃好。

(4)适时分箱。由于个体生长差异及加州鲈有相互残食的习性。为了确保成活率，根据饲养过程中的实际情况，须及时进行筛选分养。各种规格加州鲈放入不同网目网箱。网目大小，要以饵料鱼不逃为标准。如果网目过小，网箱内外水流交换不畅，使箱内水质恶化；如果经常洗网箱，又会增加网箱管理的劳动强度。加州鲈养殖一级网箱网目的大小1厘米左右。

(5)做好"四防三勤"日常管理工作。

四防：①防治鱼病。大水面生态网箱养殖，一般病害较少，很少用药。在鱼种放养前用3%食盐水进行浸浴消毒，在鲈鱼筛选、翻箱、船运等操作过程中，操作要轻，时间要快，避免擦伤鱼体。②防止逃鱼。经常检查网箱，发现破损，及时修补，以防逃鱼。③防止浮头。网箱养鲈鱼时间较长的地方，底质淤泥厚而肥，水质易肥，在黄梅季节，特别在7、8、9月份高温阶段，容易引起浮头。因此，有条件的地方成鱼网箱需要安装叶轮式增氧机。安装方法：4只网箱中间装1台增氧机。在遇到闷热、无风、天色阴沉等恶劣天气时，饵料尽量少投或不投，因此时水中溶氧少，鱼不能吃得过饱，以免引起浮头。④做好防洪和防台风灾害。在洪涝和台风季节，要仔细检查箱桩和纲绳的牢度，箱角沙袋和脚绳是否脱落，每只箱的竹桩都要相互连接，起到抗击洪涝和台风的作用。

三勤：①勤检查。每天检查网箱、纲绳是否系牢，箱体有否破损，竹桩是否松脱等。②勤刷洗。网箱经过长时间的养殖后由于水质浓，箱体藻类附着滋生，堵塞网眼。因此，要经常用刷子刷洗、用手搓，或用竹片抽打(操作时注意不要损坏网眼)，或用柴油机水枪清洗，保持网箱内外水体能正常交换。③勤观察。每天观察网箱内鱼的活动、吃食动态和天气变化等情况，发现问题及时解决。

（五）水泥池精养

1. 养殖池的条件

水泥池面积不宜过大，以 50～100 米^2 圆形池为好，在室内养鳗、养蟹、育苗室等水泥池闲置期也可以养殖加州鲈。养殖池池底向排水口倾斜，有利于排水排污，池底铺沙或水泥底，要有防逃措施，放养密度较大时，要有增氧装置。

2. 鱼种规格和密度

视条件而定，每平方米放养 20～30 尾为宜，同池放养的规格要一致，一般为 5～8 厘米。

3. 饲养管理

饵料要求蛋白质的含量达 40%以上，大小要适口，如果不是活饵，要经过驯饲阶段。刚放养时，因移动受惊，应停食 1 天，第二天开始投喂原来吃的饵料，逐渐恢复正常投喂量后，再开始投喂配合饵料。正常后每天上下午各投喂 1 次，日投饵量为池中加州鲈总体重的 10%～15%。

因为放养密度大，应特别注意预防因溶解氧含量及水质变化。每天坚持巡塘，经常注入新水，保持水质清新。

（六）封闭循环水工厂化养殖

1. 鱼池要求

最好是室内或塑料大棚内的水泥池，养殖池面积以 50～100 米^2 为宜，池深 0.5～2 米，具有水质净化、调温以及流水充氧设备，能保持水温和水质相对稳定，排灌方便。

2. 养殖方式

养殖系统具有控温、水质处理的能力，因此，养殖生产保障性强，可以开展 1 年 1 季养殖，安排周详，还可以开展两茬甚至多茬养殖。一茬养殖是放进鱼种，养 1 周年上市，后者是将各规格苗种有计划地放入养殖工厂，依赖循环水处理设施开展加州鲈的流水养殖，充分挖掘加州鲈和养鱼工厂两者的生产潜力，做到加州鲈的全年均衡化上市，大幅度提高加州鲈的养殖经济效益。

3. 饲养管理

饵料用活饵、冰冻杂鱼、配合饲料均可，除活饵之外，投喂之前均要进行驯饲。每天投喂 2 次，分别在上午 8～9 时、下午 4～5 时各投 1 次，日投喂量为池中加州鲈总体重的 5%～20%，视水温变化及加州鲈摄食情况酌情增减投喂量。

注意水温控制和水质监测，并且要经常观察加州鲈摄食和活动情况，加强疾病的防治工作。

四、病害防治

加州鲈抗病力强，养殖时较少患病，但有时因营养不当，饵料不新鲜或鱼体受伤等原因，也会引起疾病。随着养殖规模的不断扩大、集约化程度的不断提高以及池塘老化、水质环境污染、管理与技术措施滞后等诸多原因；其病害时有发生，新的病害不断涌现，有的已呈暴发趋势。为使加州鲈的养殖能获稳产、高产，在养殖过程中必须做好疾病的防治工作。目前在养殖中出现的疾病有如下几种。

1. 水霉病

病原体最常见的是属于水霉菌和绵霉菌类，其繁殖适宜温度为 13～18℃。水霉在淡水水域中广泛存在，在适宜的温度范围内，对水产动物没有选择性，凡受伤者均可被感染，而未受伤的一般不受感染，在尸体上水霉繁殖特别快。水霉是腐生性的，是一种继发性的感染。水霉菌菌体呈丝状，一端像根一样附着在鱼体受伤部位，分支多而纤细，深入至损伤、坏死的皮肤和肌肉内的称为内菌丝，具有吸收营养的功能；伸出体外的部分称外菌丝，较粗壮，分枝较少，长达 3 厘米，形成肉眼能见到的灰白色棉絮状物。

加州鲈鱼卵孵化期间，水霉穿入卵壳，悬浮在卵间质或在间隙中生长，并分出侧枝，但如果胚胎发育正常，一般菌丝停止发育，当胚胎因故死亡时，菌丝迅速延伸入死胚胎中，同时长出外菌丝。菌丝长得多时，附近发育正常的胚胎，也会被菌丝覆盖窒息而死亡。这种恶性循环，有时会导致正在孵化中的胚胎全部死亡。该病在早期，肉眼还看不出异状，肉眼能看出时，卵膜外早已丛生大量外菌丝，因呈放射状。控制不好，将造成胚胎大量死亡。

防治方法：

①彻底消毒。对孵化桶、产卵池及孵化巢等用生石灰、漂白精彻底消毒。产卵池用生石灰（每公顷 750～1 125 千克）或漂白精（200 毫克/千克）消毒，孵化巢用生石灰或高锰酸钾溶液浸泡，或用水煮沸后晒干再用。

②加强亲鱼培育。提高受精率，尽量减少胚胎死亡。

③控制水温。水在 18℃以上，又是晴好天气，不易发生水霉菌感染。

④预防受伤。捕捞亲鱼时，用细软网具和布夹，并要注意，要轻拉，运输和打针都应十分细心，勿使亲鱼受伤。如受伤，可用高锰酸钾水溶液药浴。受伤严重时需每千克体重肌内或腹腔注射链霉素 5 万～10 万国际单位。

⑤孵化巢上黏附的受精卵不能过多，以免压在下面的受精卵因得不到足够的氧气而窒息死亡。

⑥附有受精卵的孵化巢放入 100 毫克/升甲醛水溶液药浴 10～15 分钟，以后每 8 小时甲醛溶液药浴 1 次。

⑦采用淋水或流水方法进行孵化，可减少水霉发生。

2. 车轮虫病

病原体为车轮虫。是一种由原生动物寄生引起的疾病。车轮虫侧面观察像毡帽或菜碟，虫体隆起的一面叫口面，与口面相对的面叫反口面，反口面环生一圈较长的纤毛，其上下各有一圈较短的纤毛，做车轮盘旋转运动，故称“车轮虫”。车轮虫在水中可生活 1～2 天，通过直接和鱼体接触而感染，可随水中生物及工具等传播。

孵化桶中刚出膜的仔鱼被车轮虫大量寄生后，鱼苗呼吸困难，用嘴在水面呼吸，从孵化桶上面看下去，仔鱼呈“白头白嘴”症状。车轮虫寄生在鳃和体表各处，有时在鼻孔、膀胱和输卵管中也有寄生。主要危害鱼苗和鱼种，严重时可引起病鱼大批死亡，对1足龄以上鱼苗危害不大。全国各地一年四季都会发生，主要是在夏天。加州鲈在孵化和夏花阶段，正好是车轮虫病流行季节。出膜10天后的稚鱼，被大量车轮虫寄生后，稚鱼成群结队围绕池边狂游，呈“跑马症状”。车轮虫损伤上皮细胞，致使上皮细胞及黏液细胞增生，分泌增多，鳃上的上皮毛细血管充血渗出，严重感染时，大片上皮细胞坏死。

防治方法：

①彻底消毒和清塘。

②加强饲养管理，注意水质变化，保持池水清新。

③每100米^{2}水面投放楝树新鲜枝叶2.5～3千克沤水（扎成小捆），隔天翻一下（每隔10天换1次新鲜楝树枝叶）。

④水温22～29℃时，车轮虫每天分裂1次，呈几何级数增长。鱼苗在池中培育20天左右，要分塘1次，以防暴发车轮虫病。分塘时夏花必须用10～20毫克/升的高锰酸钾液浸洗5～10分钟。也可用2%～4%的食盐液药浴2～15分钟，以杀死鱼体上的车轮虫。

⑤加强日常管理，注意水源清洁，保持良好的水质，定期泼洒100毫克/升甲醛。

⑥当孵化桶内仔鱼出现“白头白嘴”症状时，可将水的流速稍减慢，准确测定水量后，全桶泼洒硫酸铜或硫酸铜和硫酸亚铁合剂（5∶2）。因鱼苗对硫酸铜很敏感，在治疗和确定治疗浓度时一定要经过小型药物治疗安全浓度的试验。

发现池边游鱼呈“跑马症状”时，可采取下列治疗措施：

①每100米^{2}用楝树新鲜枝叶5千克煎煮取汁全池遍洒。

②做硫酸铜治疗试验后，测量和计算出水体数量，按试验浓度全池遍洒硫酸铜溶液。可先在岸上沿池边间隔泼洒，即走几步泼1勺，然后往池中间均匀泼洒，剩下的药液再沿池边泼洒，24小时后，排出部分池水后，注入新鲜水，以冲淡硫酸铜的浓度。

用硫酸铜进行治疗，要注意下列事项：

第一，硫酸铜治疗的有效浓度和水温成反比，与水中pH值及有机物含量成正比，硫酸铜治疗有效浓度幅度较小，在治疗之前最好用病鱼池塘的水及病鱼先在室内试验，求出在当时条件下的治疗最低有效浓度及病鱼能忍受的最高浓度，然后取其平均线稍偏低的浓度治疗（夏天室内试验温度将比室外水池稍低些）。

第二，测量水体应准确。

第三，溶解药物时的水温要在60℃以下，以免影响药效。

3. 杯体虫病

杯体虫属缘毛类纤毛虫，虫体呈倒钟罩形或高脚杯形，前端呈盘状，边缘有纤毛，里面有一口沟，体内有带形、马蹄形、椭圆形大核和小核，借游泳进行传播，寄生在鱼苗、鱼种体表，全国各地都有发生，且很常见，危害海水、淡水中各种养殖品种，少量感染时危害不大。水中有机质含量多、换水量少时，该虫大量繁殖，充满病鱼鳃中、附肢及体表各处，大量固着于鱼体时，可见有许多绒毛丛。鱼体反应迟钝，行动缓慢，在水中溶氧较低时，可引起病鱼大批死亡。

防治方法：

① 彻底清塘消毒。

②投饲量适当，合理密养和混养，保持水质优良。

③下池塘之前鱼苗要消毒，用8～10毫克/升的硫酸铜或5∶2的硫酸铜和硫酸亚铁合剂以及10～20毫克/升浓度的高锰酸钾药浴10分钟，或用2%～4%食盐液浸泡2～15分钟。

用硫酸铜治疗，同样要做小型治疗试验之后，才能采用合适的治疗浓度进行治疗。

4. 锚头蚤病

锚头蚤在水温12～33℃时都可繁殖，主要流行于热天，全国都有此病流行，广东、广西和福建发生最严重。对淡水鱼类各龄鱼都有危害，尤以鱼种受害最大，当有4～5只虫体寄生时，即能导致死亡，对2龄以上鱼的寄主一般不会引起大量死亡，但影响鱼体生长及商品价值。锚头蚤寄生在鱼体表、鳃、眼和口腔、头部等处，寄生部位由于蚤体前端钻入寄主组织内，后半段露出鱼体外，在蚤体寄生处还出现充血红斑。大量寄生时病鱼骚动不安，食欲减退，继而鱼体消瘦，游动缓慢，最后死亡。严重时鱼体上好似披着蓑衣，故有"蓑衣病"之称。

防治方法：

①彻底清塘消毒。

②用高锰酸钾液药浴，一般的预防消毒，用10～20毫克/升浓度即可，药浴10～30分钟。

③全池遍洒晶体敌百虫，一般使池水为0.3毫克/升的浓度，能杀死锚头蚤幼虫，根据锚头蚤的寿命及繁殖特点，须连续下药2～3次，每次间隔天数随水温而定，一般为5～7天，水温高时，间隔天数少，反之则多。

敌百虫毒性大、有效浓度低，鱼体对药性特别敏感，为安全起见，要在治疗前进行小型耐药试验。试验说明，0.3毫克/升的晶体敌百虫溶液不会导致加州鲈死亡，而此浓度可杀死锚头蚤，治疗浓度可采用0.3毫克/升，但0.4毫克/升浓度即能致加州鲈死亡，如果水体计算不准确时，就会出问题，因此，用药后必须加强巡塘，密切注视鱼池的变化。

5. 小瓜虫病

病鱼皮肤、鳍条或鳃瓣上肉眼可见到布满白色小点状的囊泡，鱼体覆盖一层白色薄膜。每年4～5月份水温20～25℃时流行，常出现在水体小，放养密度大鱼池、发病后 2～3 天内出现死亡高峰。

防治方法：

①硝酸亚汞是目前治疗小瓜虫病的最理想药物，但加州鲈对此药敏感，使用时最好用浸洗方法；

②用 30 毫克/升福尔马林全池泼洒；

6. 溃疡病

溃疡病是由斜管虫等寄生虫、机械损伤、繁殖斗殴咬伤等原因造成损伤，嗜水气单胞菌等细菌继发感染所致（图 2-1）。病鱼体侧、腹部、头部、尾柄、鳍条基部有大小不一的炎症病灶，初期如损伤形状，不久灶区出血发炎、鳞片脱落，表皮真皮全部腐脱、露出充血的肌肉，如“血疮”形状。病灶通常为不规则的圆形或椭圆形，其边缘的表皮界线十分清晰，面积大小不一，一些病灶周缘表皮出血发炎，重症的病鱼其病灶因细菌不断侵蚀及水霉菌的继发感染，肌肉严重腐烂，甚至露出骨质，个别病鱼下颌骨断裂，鳍条缺损，同一尾病鱼出现的病灶不等，严重的病鱼在水面有气无力地游动，并可见到体表腐烂的病灶。该病在每年的 12 月份至翌年的 4 月份较为常见。危害对象以成鱼为主，损伤后的鱼很容易引发此病。池塘、网箱均有发生，全塘鱼发病率高达 80%，但死亡率不高，主要是影响商品价值。

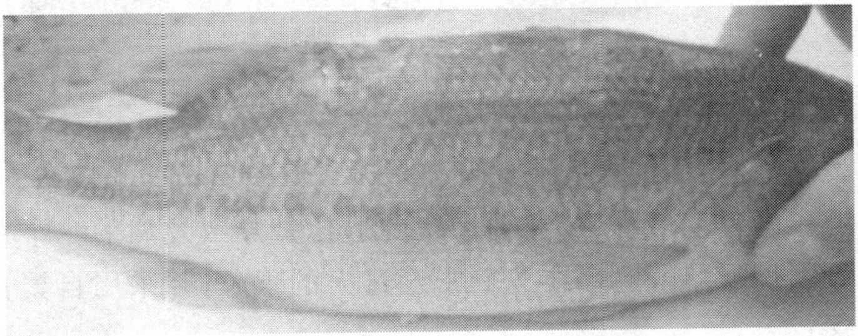

图 2-1　溃疡病

防治方法：

①在年底前，有条件的渔场最好把雌雄鱼隔开，在捕捞、运输、筛鱼的过程中避免鱼体受伤；

②加强饲养管理，养殖的后期在饲料中添加维生素C和复合维生素，增强鱼体的抗病能力，添加量为鱼体重的3‰～5‰；

③坚持定期杀虫消毒，养殖户广泛使用的新型植物杀虫素辅以二氧化氯或聚维酮碘溶液等消毒剂全池泼洒效果良好。

7. 疑似诺卡氏菌病

病鱼体色发黑，上浮水面，反应迟钝，食欲下降，有些眼球凸出，鳍基部和腹部有少量出血。解剖发现肝脏和腹腔膜及内脏表面出现白点为主要特征(图2-2)，起初在腹腔脊柱边出现几个白点，随病情的发展，在肝脏、肠道等器官表面逐渐出现大量白点，严重时深层肌肉也出现白点。流行季节较长，从5月份至11月份均有发生，发病高峰在6～9月份，水温23～32℃，发病池塘水质恶化，饲料为海水冰鲜鱼，发病呈慢性型。

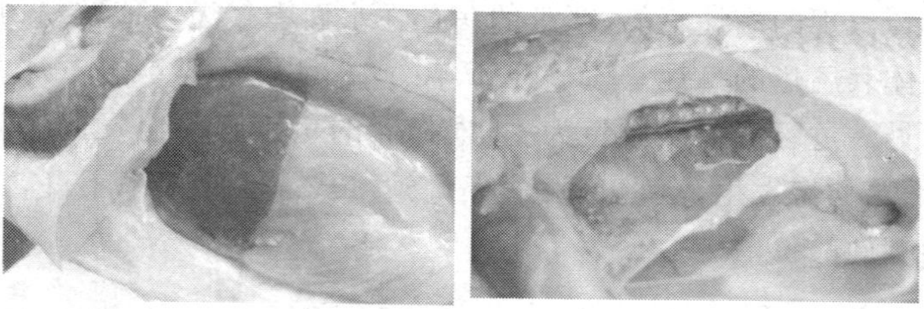

图 2-2 疑似诺卡氏菌病

发病原因：珠江水产研究所初步研究该病原为诺卡氏菌。

(1)高密度养殖以及品种性状的退化是导致发病的一个重要原因。发病池塘普遍存在放养密度过大的现象，并采用自繁自用的方法；

(2)水恶化也是导致发病的主要因素。因为加州鲈养殖投喂的是冰鲜鱼，投喂量大，水质管理不好就容易恶化，导致致病菌大量滋生。

防治方法：研究证明诺卡氏菌对磺胺类药物、大环内酯类药物及喹诺酮类药物比较敏感。治疗该病时，首先要改良池塘水质并进行氧化消毒，同时用喹诺酮类药拌饲料投喂，连续服用5～7天，并加维生素C护肝。饲料中添加的药物要先用黏合剂混合粘在饲料鱼表面稍干后再投喂。

8. 烂身烂尾病

症状：病鱼体表大片溃烂、鲜红色，尾鳍基部红肿溃烂，胸鳍基部有一小点溃烂，有些病鱼鳃膜有血疱隆起，腹膜硬化成一片（淡黄色）。发病后期病鱼主要以尾鳍基部红肿溃烂（图2-3），胸鳍基部有一小点溃烂为主，有些病鱼体黑和眼蒙，剖检内脏病变不明显。该病是近年出现的疾病，发病死亡率高达40%以上。初步确定该病是病毒感染引起，同时并发细菌感染所致。

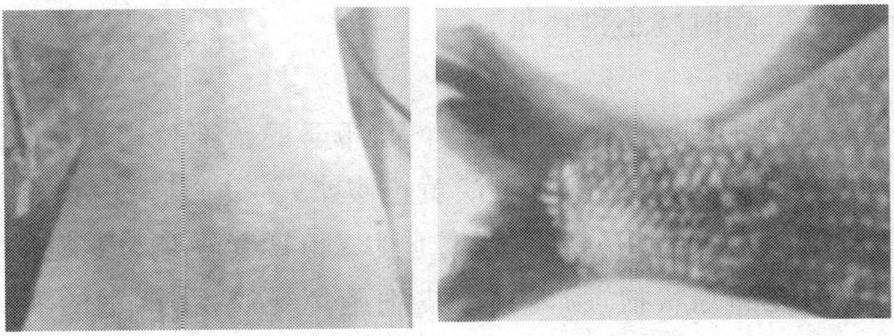

图2-3　烂身、烂尾病

防治方法：目前还没有有效的药物可治疗，主要靠预防。

①放养前清塘消毒要彻底；不要选购近亲繁殖的种苗；

②要保证冰鲜鱼饲料的质量，投喂前最好要经过碘制剂消毒处理，每月还要添加1～2次连续3～5天的复合维生素；

③不要过分密养，要适时杀虫消毒、维持良好水质；要避免大

排大灌，减少加水应激。

9. 纤维黏细菌病

病鱼体表颜色黑暗、食欲减退，离群慢游于水面，池边或网箱的边缘，对外界反应迟钝，呼吸困难，外观症状有以下几种情况：病鱼鳃瓣通常带腐烂发白或污泥的腐斑，鳃小片坏死、崩溃；颌齿周围表皮糜烂，严重的病鱼唇端表皮坏死、脱落，形成烂嘴症状；病鱼自吻端到眼球处的一段皮肤消退变成白皮状，一些病鱼尾发白，鳍条缺损，或体表伴有不规则椭圆状的白皮和“赤皮”的综合症状。该病由柱状纤维黏细菌感染引起。

防治方法：

①发病时用消毒剂全池泼洒消毒；

②同时投喂氟苯尼考等内服药，可据病情连服 3～5 天；

③鱼种放养前，排除塘中过多淤泥，用生石灰彻底清塘；

④注意合理放养，不投喂变质、不洁的饵料，及时清除残余腐败的饵料，发病时减小投喂量。

10. 肠炎病

病鱼腹部膨胀，肛门红肿，整个腹部至下颌部位暗红色，重症病鱼轻压腹部可见从肛门流出淡黄色腹水，剖开腹腔，内积有许多腹水，流出的腹水经几分钟后呈琼脂状；肠管紫红色，用剪刀将肠剖开，肠内充满黏状物，肠内壁上皮细胞坏死脱落，严重的病鱼整个腹腔内充血，肝脏坏死。肠炎全年均可出现，夏天尤为严重，其主要原因是喂食不洁或变质的饲料而引起，往往呈急性发病，造成较大的死亡。

防治方法：

①发病时内服“鱼必康”或阿维菌素等杀菌药 5 天，外用消毒剂全池泼洒 2 次，隔天 1 次。

②不要投喂变质或不洁的冰鲜鱼饲料。

11.暴发性疾病

暴发性疾病常表现为体表两侧腐烂，伴有鳍条基部充血，病鱼浮在水面缓慢游动，受惊动时不能钻入水下。病灶镜检没有发现寄生虫，解剖发现内脏有炎症，少量有腹水，肝脏肿大、发黄、坏死。

该病来势凶猛，发现有病鱼，3 天就会引起大量发病和死亡。防治难度较大，外消杀菌药物结合内服抗菌素和抗病毒药物，未见明显效果。该病主要危害网箱高密度养殖的鱼种和成鱼，发病水域网箱发病率往往达到 100%，死亡率也很高，甚至全军覆没。

(1)立即投喂新鲜鱼块，如用冰冻鱼块一定要彻底解冻，并用 3%的食盐水或痢特灵消毒后再投喂。

(2)添加水产专用维生素 C 及复合维生素，添加量为饲料鱼重量的 1‰～3‰。

(3)网箱设置和放养密度要合理，定期对网箱和养殖水域进行消毒。

(4)定期对网衣进行彻底清理，避免污物、残饲、附着物等阻塞网目，造成内外水流交换不畅；避免死鱼、残饲沉入箱底，造成污染。

(5)口服水产专用维生素 C 和复合维生素，结合外消二氧化氯和三氯异氰尿酸，3 天可以见效。具体方法是：每 50 千克鱼日添加水产专用维生素 C 和复合维生素各 25 克，提高鱼体本身的抗病能力。水体用二氧化氯泼洒，浓度是常规用量的 3 倍左右。

12.弯体病

病鱼脊椎骨弯曲变形。发生原因尚未查清。可能是胚胎发育时细胞分裂异常引起，也可能是亲鱼中毒引起，或是池塘水中存有重金属。据报道，有些重金属可使鱼患此病。目前无治疗方法，但一般危害不大。鱼发病后生长慢。鱼种中发现此病应挑出来，不宜放养。

13. 营养性鱼病

病鱼通常生长缓慢，肝苍白，体色黑暗，眼睛混浊等综合症状。因营养障碍引起。

防治方法：料在添加维生素 C 及畜用复合维生素每 100 千克饲料添加 15～20 克，连续 1 周。

由于加州鲈养殖规模的不断扩大，养殖病害也越来越多，上述各种病害往往呈复合状态表现，这就要求养殖户要根据病情辨证采取治疗方法，但大部分养殖户既缺乏检测设备，又缺少相关知识，因此，建议养殖户采取下列综合防治方法开展加州鲈养殖病害的防治工作。

(1)鱼种放养前药浴防病

①用 3%～5%食盐水或亚甲基蓝等药物浸浴 15 分钟左右后再下塘，可防车轮虫、水霉、竖鳞病。

②用 15～20 毫克/升的高锰酸钾(即 1 000 千克水加 15～20 克高锰酸钾)浸浴 15 分钟左右，可防原生动物寄生虫的寄生。

(2)定期泼洒药物

可用 0.7 毫克/升硫酸铜和硫酸亚铁合剂或灭虫精等灭虫剂杀虫，然后用二氧化氯等杀菌剂消毒。

每次拉网后对鱼体会有所损伤，应用 0.2 毫克/升的二氧化氯泼洒消毒；若感染水霉病，使用亚甲基蓝或食盐和小苏打合剂泼洒，进行治疗。平时发现池水过肥、水质恶化时，适当泼洒生石灰。

(3)定期口服药饵

从 6 月份开始，每月一次，将药物拌入加州鲈饲料，3～5 天为一个疗程。每 50 千克鱼用土霉素每天 5～10 克，另外，经常添加水产专用维生素，可提高抗病力。

五、收获

加州鲈如活鱼上市，价格较高。为提高运输过程中及出售时的成活率，池塘养成的加州鲈上市前，应做好充分准备，确保活鱼上市。具体做法是：捕捞之前需准备一口体积较小、进水量大、容易排水的暂养池。在捕捞加州鲈前，要降低鱼塘水位，用细软网具精心起捕。把需上市的加州鲈放池中暂养1～2天，排净肠内食物，然后再运输到市场上销售。水泥池、养鱼工厂和网箱养成的加州鲈起捕较容易，但也应在起捕前停食，捕大留小。经挑选和停食、密集等预处理的加州鲈就可以运输上市了，运输时水温应控制在18℃左右，如水温较高，路途较远，需加冰块，或在夜间运输。温度过低容易冻伤、冻死商品鲈鱼。用汽车帆布扎捆或橡皮袋充氧运输、活水船运输均可。

第三章　花鲈的养殖技术

花鲈(*Lateolabrax japonicos* Cuvier et Valenciennes),又名鲈鱼、白鲈、青鲈、牙鲈、板鲈,鲈形目,脂科。为近海中下层鱼类,栖息于河口咸淡水处,可完全生活于淡水中,一般不集成大群。主要分布于太平洋西部,我国沿海及通海的淡水水体中均有分布,尤以黄海、渤海近岸较多,为常见的经济鱼类之一。主要产地是青岛、石岛、秦皇岛及舟山群岛等地。渔期为春、秋两季,每年的 10～11 月份为盛渔期。该鱼性情凶猛,天然水域中以鱼、虾为主要食物。个体大,一般为 1.5～2.5 千克,最大可长至 15～25 千克。

体延长而侧扁,眼间隔微凹。其间有 4 条隆起线。口大,下颌长于上颌。吻尖,牙细小,在两颌、犁骨及腭骨上排列成绒毛状牙带。前鳃盖骨后缘有细锯齿,隅角及下缘有钝棘。侧线完全与体背缘平行、体被细小栉鳞,皮层粗糙,鳞片不易脱落、体背侧为青灰色,腹侧为灰白色,体侧及背鳍鳍棘部散布着黑色斑点,随年龄增长,斑点逐渐不明显。背鳍 2 个稍分离,第一背鳍发达并有 12 根硬棘,第二背鳍由 13 根鳍条组成,腹鳍位于胸鳍始点稍后方,第二背鳍基部浅黄色，胸鳍黄绿色，尾鳍叉形呈浅褐色。花鲈肉质坚实，洁白细嫩，味道鲜美而清香，营养丰富，含蛋白质 19%，脂肪 2.5%，还含有维生素 A、维生素 D 等，是酒楼宴席及百姓餐桌上的名贵水产品。目前，花鲈已在沿海海淡水养殖水体中推广养殖，有望成为沿海最主要的人工养殖新品种。

一、生物学特性

1. 生活习性

花鲈为广盐、广温性鱼类，能生存的盐度范围为 0.5‰～35‰，可以生活在纯淡水环境中，温度范围为 2～34.5℃，10℃以上时开始摄食，最适温度北方为 14～16℃，南方为 18～20℃。春、夏季幼鱼成群溯河进入淡水水域索饵。成鱼一般分群活动，亲鱼通常于 12 月份至翌年 2 月间在河口沿岸礁石间产卵，2 龄以下的花鲈常栖息于淡水中，自 10 月后洄游入海越冬，冬季有些幼鱼也随成鱼向外海移动，但一般比成鱼栖息的水域浅。

2. 食性

花鲈口裂大，肠管短，有一个较大的胃，幽门与肠交界处有幽门垂，为典型的肉食性鱼类。自然条件下，嗜食活饵，鱼苗阶段以浮游动物为食，体长 2 厘米时以桡足类和枝角等大型浮游动物为食，体长 5～9 厘米时肠道中各种食物出现率从大到小依次为等足类、虾、枝角类、桡足类、鱼、蟹，12～26.5 厘米时，食物中主要为虾、鱼和桡足类，成鱼主要为鱼，其次为虾。人工养殖时，花鲈食性可以驯化为方便易得的各种饵料，生产实际中主要是冰鲜鱼和配合饲料。

3. 生长

花鲈生长迅速，自然界中，1 龄花鲈体长可达 25～30 厘米，体重 200～600 克；2 龄花鲈体长达到 40～50 厘米，体重 600～1 500 克；3 龄鱼体重 1 200～3 600 克；4～8 龄时体长每年增长 4～6 厘米，增重 400～600 克，最大个体 1 米，重达 15～20 千克。花鲈性成熟年龄为 3～4 龄，在性腺初次成熟之前，生长速度较快，5 龄以后生长速度减慢，养殖条件下，花鲈的生长速度取决于温度、密度、水体溶氧量和饵料等条件。

4. 繁殖习性

花鲈性成熟年龄雌性为 3 龄，雄性为 2 龄，其产卵期北方为 9～10 月份，南方为 11～12 月份，产卵温度 13～21℃，产卵地点为河口相邻海区的近岸相对高盐区。体长 60 厘米的亲鱼怀卵量约 30 万粒，随着个体的增大，怀卵量也随之增加，一般怀卵量在 30 万～200 万粒，产卵期为 12 月份至翌年的 3 月份，产卵水温为 15～20℃，卵呈球形，浮性，具有单个油球，卵径 1.35～1.44 毫米，卵受精后 4～5 天孵出，初孵出的鱼苗全长 4.42～4.6 毫米，孵出后 15 天卵黄及油球耗尽，鱼苗体长 5 毫米左右(图 3-1)。

长江口及浙江沿海，花鲈产卵期为 11 月份至翌年的 1 月份，产卵盛期在 11 月中旬到 12 月中旬，产卵盐度 22‰～26‰，比渤海湾低得多。花鲈和加州鲈相似，属分批而非同步产卵鱼类，产过一次卵后，卵巢中还有大量的空滤泡和正常发育的卵母细胞，在环境适宜时，卵细胞经半个月的发育，又可以进行第二次产卵。在长江口肥育并繁殖的个体，随性腺的发育，要回到长江口高盐度水域产卵，产卵后的亲鱼在产卵场短暂停留后，又回到长江口肥育。说明长江口是花鲈的一个极好肥育、产卵场所。该品种无长距离洄游习性。

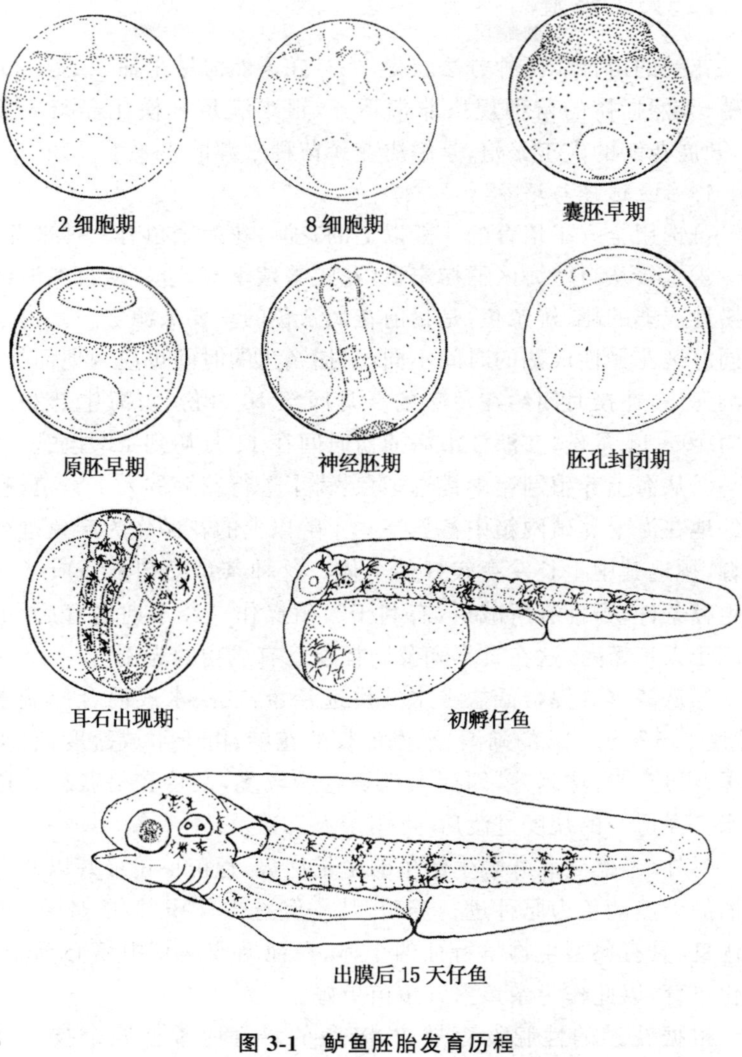

图 3-1　鲈鱼胚胎发育历程

二、人工繁殖

花鲈的苗种靠两种方法获得，一是在天然海域采捕，二是人工繁殖，天然捕捞的苗种规格非常不齐，很难满足规模化养殖的需求，开展花鲈的人工繁殖，是解决花鲈苗种来源的主要手段。

1.亲鱼选择与培养

可选用全人工培育的3龄以上的花鲈，花鲈亲鱼有三种来源。

①直接从自然海区捕捞亲鱼：花鲈繁殖季节，直接从自然海区捕捞性成熟的雌、雄亲鱼，是目前花鲈亲鱼的重要来源之一。由于不同海区花鲈性成熟的时间不同，采捕亲鱼的时间也应因地而异。在渤海湾，捕捞时间约在每年的9月底至10月份，黄海中部和南部为10～11月份，在浙江沿海捕捞时间在11月初到12月底。

②从海上养殖网箱中挑选亲鱼：为了进行花鲈的人工繁殖，有目的地在海上养殖网箱中蓄养一些4龄以上的花鲈作为亲鱼进行培育，挑选其中生长发育较好的个体。这种亲鱼已初步适应了驯养生存条件，野性有所减退，有利于繁殖操作。经短期培育后，可以用于人工繁殖，这在日本和我国福建已有成功的先例。

③从淡水或混合低盐水水域挑选亲鱼：在淡水或混合低盐水（盐度0.5‰～5‰）的湖泊、水库生长的花鲈，由于水域盐度低，水位深，可连续自然越冬，因而大规格花鲈较多，亲鱼较易获得。这种亲鱼经适当的盐度过渡后，可用于人工繁殖。

另外，考虑到北方野生鲈鱼的生长优势，育苗单位最好以北方海捕的天然幼鱼为原种进行养殖，从中筛选出体质健壮，体型、色泽优良，具有典型生物学特征的个体，在池塘或网箱中精心饲养、强化培育，以此作为亲鱼繁育鱼苗更好。

根据花鲈的性腺发育规律，亲鱼的培育应掌握四个技术环节——“冬保、春肥、夏育、秋繁”。

①冬季对即将产卵的亲鱼要加强保护，避免受伤；对产过卵的

亲鱼要加强护理，使其安全过冬；水温在6℃以上时，投喂少量饵料，以增强其体质；

②越冬后的亲鱼体质虚弱，随着水温的回升，逐渐加大投饵量，以提高亲鱼的肥满度；

③夏天水温高，亲鱼摄食减少，而此时正值性腺发育的关键时期，因此要投以营养丰富的牡蛎、活沙蚕、新鲜小杂鱼等饵料，并根据摄食情况及时调整投饵量；

④秋冬季是亲鱼的繁殖季节，除正常的养殖管理外，特别要注意观察摄食情况及体形的变化，当性腺发育至Ⅳ期中、末时，才可进行人工催产。

2.人工催产

合适的催产时机应是卵巢发育成熟，初级卵母细胞生长成熟、核明显偏向动物极，处在这个时期的初级卵母细胞可以接受内源或外源促性腺激素的诱导，经成熟分裂发育成次级卵母细胞。育苗生产中催产时机的把握可根据雌鱼腹部膨大程度及挖卵观察来决定，若雌鱼腹部膨大十分明显，轻压鱼腹有柔软感，挖卵观察卵径达600微米以上，显微镜观察卵母细胞核已偏位，此时注射激素才能达到较为理想的催产效果；若卵径在500微米以下，激素催产难以获得成功；雄鱼以挤压鱼腹能流出乳白色精液者，催产效果为佳。亲鱼培育得好，人工催产时注射次数少，催产药剂量也小甚至不注射激素，只要有一定的流水刺激，就可以实现亲鱼的自然产卵。

花鲈促熟催产激素一般选用商品制剂LHRH-A_2及HCG。LHRH-A_2可诱发鱼类排卵与精子的产生和成熟，其药效较持久，并且安全，使用简单，是目前花鲈较为理想的促熟催产激素。HCG注射到鱼体内能促使性机能兴奋，具有促进亲鱼体内排卵、排精的作用，是一种高效的催产剂。两种激素的催产剂量一般为雌鱼LHRH-A_2 2～5微克/千克、HCG 700～1 500国际单位/千克，混合或单一使用均能取得较好的催产效果；雄鱼剂量减半或1/3。在实际使用时要根据亲鱼的性腺的成熟度情况及育苗技术经验决定激素的使用剂量，一次或分次注射激素，每次注射的激素溶解于蒸馏水中，行胸腔、腹腔或肌肉注射。

3. 孵化

花鲈受精卵的孵化方法和四大家鱼、加州鲈受精卵的孵化用具相同，但孵化管理措施不同，采用孵化桶或孵化环道孵化时，水流速度要慢，进水量要少，否则，受精卵会黏附在出水处的筛绢上造成损失，用60～80目筛绢制成方形或锥形孵化箱或孵化桶，放置于池中静水孵化，花鲈受精卵孵化率将更高。

①孵化水质。孵化温度14～18℃，水体相对密度1.016～1.022，溶解氧5毫克/升以上，pH保持在8～8.6，水质不符合要求时，要及时调节。溶氧不足时，加大流水或人工供氧。

②孵化密度。花鲈受精卵在海水中时为浮性卵，静水孵化时密度不能过高，以20～40万粒/米^{3}为好，孵化桶等有充气或流水措施的可以密度高些。

③防害防霉。孵化用水应经过砂滤或60目以上筛绢过滤，防止孵化容器中混进小杂鱼虾、水生昆虫及大型水蚤；花鲈孵化水温正是水霉菌快速繁殖、生长的水温，人工孵化时必须做好防霉消毒工作，具体做法为：80～100毫克/升甲醛浸泡20分钟，每8小时一次，直到花鲈鱼苗出膜。

三、苗种培育

将花鲈鱼苗培育成3～8厘米的苗种，是花鲈人工养成之前的重要环节，这个阶段正好跨越花鲈生命周期中最重要的三个阶段，即卵黄囊存留期(4.2～5.34毫米)，卵黄囊消失至被鳞完成期(5.34～20毫米)，各器官形成至第一次性腺成熟期。苗种培育的关键是要有适口而富含营养的饵料及适宜的生态环境。对于淡化养殖的花鲈苗种，还有一个重要的环节即是淡化驯养。

除培育用水的海、淡水区别外，花鲈的苗种培育方法与加州鲈基本相似，本书不再赘述。

四、淡化养殖技术

由于花鲈的繁殖及鱼苗培育均在海水中进行，因此，在淡化养成之前，必须进行渐进式的淡化处理，其中，最主要的是将在海水中培育至 3 厘米以上的花鲈鱼种驯养成可以淡水养殖的大规格鱼种。

（一）夏花淡化

花鲈的淡化必须从夏花开始，一般淡化期为 7～15 天。具体做法是：

1. 淡化池

罗氏沼虾育苗池等各种同时具有海、淡水进水条件的水泥池，面积在 20～100 米^2 较好。要求进、排水方便，有人工增氧设施。

2. 淡化处理

将沿海购买或捕回的夏花鱼种放入盛有与夏花来源水域相同盐度的海水中暂养。待其适应新环境后，每日抽掉一部分池水，然后加入等量的淡水，使其盐度稍有下降，盐度下降范围不超过 4%。盐度降低时，花鲈苗种为了适应环境的变化，需要较高的溶氧和营养，因此，整个驯化起降要注意充气增氧，同时每天投喂适量的新鲜适口的饵料。

3. 及时放养

花鲈经 1 周左右的淡化驯化，盐度已经可以降至 0.5‰以下，为提高花鲈夏花的成活率，应及时把经淡化处理的夏花放入 0.5～1 亩的小池塘或用密目网片在养殖池塘的一角围成的小池（占池塘的 10%～20%）中继续培育。要注意做好下塘花鲈夏花人工诱食、驯饵工作。开始时投喂鱼糜,逐步驯化投喂新鲜小鱼块和配合饲料。每天投饵2次,投饵时要用工具拍打水面,以引起夏花鱼种的注意,然后将饵料抛撒投喂。待花鲈逐渐长大,活动能力较强后,可定点投喂,日投喂量为鱼体重的8%～10%。鱼种培育期间因密度较大,要注意观察水质的变化,及时加注新水,以防止缺氧和水质恶化。用网片转养的要经常清洗网片,以利于水体交换,注意防病治病工作,再经7～10天时间的暂养,花鲈鱼种可达9厘米以上,可放入淡水养殖水体中进行成鱼养殖。

(二)成鱼淡化养殖

花鲈在淡水中养殖方法很多,有池塘养殖,水泥池养殖,也有网围及网箱养殖,还可以实施工厂化集约方式养殖,已驯化成淡水鱼种的花鲈的成鱼养殖技术和加州鲈成鱼技术基本相似,下面仅作简单介绍。

1.池塘养殖

①池塘条件及放养密度。池塘面积以3～10亩为宜,水深1.5～2.5米,池底淤泥较少,池塘水源充足,水质清新无污染。池塘清整、消毒、肥水同常规养鱼。广东地区,体长10厘米左右的鱼种放养密度4 000～8 000尾/亩;江浙等南方地区,体长10厘米左右的鱼种放养密度控制在1 000～1 500尾/亩。花鲈池塘精养时放养密度较高,因此混养鱼类较少,有条件的地方可以同时套养花鲢35尾/亩、鲫鱼350尾/亩和团头鲂100尾/亩。

②饵料与投喂。食性凶猛,饵料不足时会相互残食,因此提供新鲜、适口、充足的饵料是养好花鲈的关键。在自然条件下,花鲈主要捕食虾类、贝类或其他野杂鱼,摄食强度高,很少发现空胃现象。目前,在花鲈池塘无公害养殖中主要使用花鲈膨化饲料,根据养殖效果来看,使用专门的花鲈膨化饲料完全能够替代鲜杂鱼等动物性饵料,且具有绿色、环保、成活率高、抗病力强等优点。养殖1年左右,配合饲料的饲料系数一般在1.3左右。投喂饲料时,要

搭设固定的饲料台，选择位置适中的地方，用竹、木的跳板伸入池中水面，距池岸6～7米设置。饲料投喂应定质、定量、定点、定时，一般日投喂2次，多选择在日出和日落时，日投喂量一般为养殖鱼类总体重的2%～4%，根据天气、水体及花鲈摄食的情况适当调整日投喂量。食场附近应每周消毒1次，并及时捞除池塘内的残渣剩料，以免污染水体。采用抛投法投饲，投饲技术归纳为"中间快，两头慢"，开始时慢抛少投，当鱼群争食时快抛多投，待鱼快吃饱时应慢抛少投，每次投喂时间30分钟。

③水质控制。花鲈池塘养殖水质要求清新，溶氧保持4毫克/升以上，透明度40厘米左右。因此，水质控制是一项关键的技术环节，保持良好的水域生态环境是生产优质花鲈的重要保障。花鲈养殖是高密度养殖，水质管理的主要方法有：勤换水，特别在养殖中、后期，每天的换水量应达到30%以上；勤增氧，鱼苗期可适当开动增氧机，随着鱼体的生长开动增氧机的次数愈趋频繁，尤其在高温天气和养殖后期，白天也应开动部分增氧机增氧，夜晚要开动全部增氧机增氧，保持池水溶解氧含量在5毫克/升以上；施用微生物制剂，高密度养殖带来池底大量的残饵和排泄物，有害物分解浓度高，大量消耗池水中的溶解氧，尤其在高温天气时更为严重，这也是鱼病产生的重要原因，而适当施用微生物制剂可使有益菌群除去池水中的氨态氮和亚硝酸盐，保持良好水质。

④日常管理。俗话说"三分放，七分养"，做好日常管理工作是花鲈养殖成功的关键。一是坚持每天巡塘2～3次，发现问题及时处理，正常情况下花鲈在池塘中下层活动，从水面很难看到花鲈鱼体，如果发现花鲈在水体中上层无力游动，则可能是发病和缺氧的先兆；二是做好养殖日志，完整记录苗种放养、投喂、用药等情况；三是定期检查花鲈的生长情况，及时调整日投喂量；四是及时了解市场行情，结合花鲈生长情况，做到及时上市。

2. 网箱养殖

花鲈也适合网箱养殖，可根据网箱放置区域的水深和水体流动情况，采用浮动式网箱，或定置式网箱。

网箱用聚乙烯网线编结而成。网目为 2.5～3 厘米，网箱规格为 2 米×2 米×5 米、4 米×4 米×2 米或 5 米×5 米×2 米。框架为松木方条或粗毛竹，框架四角连接泡沫浮球为浮子支撑箱体，沉子用砖块结于网箱下四角。网箱设置在水位稳定、水质清新、向阳背风、无污染的水域。网箱通过纲绳或锚固定于水面上，成"一"字形排列，箱距 3 米，行距 15 米。

花鲈鱼种放养密度为 100 尾/米^3。同时，适当搭养一些刮食性鱼类，以充分利用饵料和净化网箱。饲料以膨化饲料或硬颗粒饲料为主，适当补充投喂少量新鲜小杂鱼，颗粒饲料与小杂鱼比例以 8∶2 为宜。投喂量应根据天气、水温高低和摄食状况而定。夏秋季水温高，日投饲量为鱼体重的 4%～8%，而冬春季水温低，日投饲量为 1%～3%，每日投喂 2～4 次。投饲技术也遵循"中间快，两头慢"的原则，开始时慢抛少投，当鱼群争食时快抛多投，待鱼快吃饱时应慢抛少投。

日常管理做到勤观察、勤检查、勤检测、勤洗箱和勤防病，耐心细致投饵，防止大风、洪水、污染、人为意外事故发生。

（三）鱼病防治

花鲈养殖的病害较少，但是在养殖密度过高、养殖条件恶化等条件下会有病害发生。养殖花鲈的病害防治应遵循"以防为主，防重于治"的原则，首先要保持养殖池塘及附近地区的水质清洁，无污染，水流畅通。其次是在鱼种放养前及养殖过程中要采取彻底清塘、加注新水、换水排污、使用水质改良剂等措施，改善池塘水质条件，营造良好的养殖水环境。同时要放养健康的苗种，设定适宜的放养密度和合理的养殖组群，并科学投喂优质饲料。目前，常见的花鲈养殖病害主要有以下几种。

1. 赤皮病、溃疡病

病鱼鳍条基部充血、红肿，脱鳞，表皮腐烂，肌肉外露。此病多发生在高温季节，预防时可大量更换新水，定期施入生石灰35～40毫克/升，冬季干塘曝晒。治疗时可用漂白粉1毫克/升全池泼洒。

2. 肠炎病

病鱼食欲低，腹部膨胀，肛门红肿，轻压腹部有黄色黏液从肛门流出。肠炎病全年均可发生，预防措施是不要投喂变质的小杂鱼，坚持使用优质的膨化饲料，治疗方法是按每100千克饲料掺入300克戊二醛制成药饵连续投喂3～5天。

3. 烂鳃病

此病易暴发流行，死亡率高。主要症状是鱼体体色发黑，尤以头部为甚，游动缓慢，对外界刺激反应迟钝，呼吸困难，食欲减退，鳃部黏液增多，鳃丝肿胀且末端糜烂，鱼体消瘦，离群，最后致死。预防时，要保证水质的清新和溶解氧含量充足，高温季节经常使用微生物制剂改善水质。发病时，用二氧化氯、二溴海因等消毒剂全池泼洒，或五倍子4毫克/升全池泼洒。病情严重时，连用2次。

4. 车轮虫、斜管虫、聚缩虫、指环虫等原虫病

多发生在中间培育阶段的鱼种体表和鳃丝，症状为鱼体消瘦，体色变黑，口端糜烂，一年四季均有发病。预防时多采用大量换水来改良水质，治疗方法：①20～25毫克/升福尔马林全池泼洒。②晶体敌百虫溶液全池泼洒。③晶体敌百虫、面碱合剂(1∶0.6)全池抛洒，浓度为0.1～0.3毫克/升。④全池泼洒硫酸铜及高锰酸钾合剂(5∶2)，浓度为0.3～0.4毫克/升，花鲈对硫酸铜非常敏感，硫酸铜使用时要特别主要用量计算和抛洒均匀。

5. 鱼虱病

鱼虱寄生于鱼体鳃部、皮肤和鳍条；使鳃丝上皮增生变形，炎性水肿，体表损伤，引起继发性细菌感染，导致鱼体死亡。治疗方

法是全池泼洒晶体敌百虫 0.2～0.3 毫克/升。

6. 氨氮中毒

高温天气时，池水中氨态氮含量高，甚至产生亚硝酸盐，致使花鲈缺氧中毒而死亡。主要症状是鱼群全塘狂游不安，上下乱蹿，鳍条充血，鳃丝暗红。防治方法是立即注入新水，放出老水，注水时注意用木板将水挡散，以免直接冲起塘底污物而加速鱼体死亡；施用氟石粉、凹凸棒土粉（底质处理剂）10～15 千克/亩，可吸附池水中的氨态氮；也可使用微生物制剂加以预防。

总之，在水源条件较差、淤泥较多的养殖池塘，需采取药物预防等措施来控制花鲈疾病。在 4～10 月份，每隔 15～20 天交替泼洒 0.2 毫克/升的二氧化氯或 0.2 毫克/升的二溴海因。在 7～8 月份，还可以通过在饲料中添加中草药的方法来预防一些细菌性疾病。

（四）收获

在广东地区，2～3 月份放养的花鲈，养殖 300 天后规格可达到体重 500 克/尾左右，一般当年 10 月之后就开始陆续收获，也有个别养殖者为追求更高的规格和产量而养殖 1 年以上。在一个养殖周期内，应根据市场行情，用捕大留小的方式捕捞 2 次以上，既可以减少养殖风险、增加养殖经济效益，又可以降低水体中的花鲈密度、改善养殖水环境。

第四章　松江鲈的养殖技术

松江鲈(*Trachidermus fasciatus*),又称四鳃鲈(上海、松江)、花花娘子、花鼓鱼(崇明、苏北)、老婆鱼、老虎鱼、新娘鱼、媳妇鱼,媳妇头(山东、辽宁)等,属鲉形目,杜父鱼科,松江鲈属,属降河洄游凶猛肉食性鱼类,营底栖生活,昼伏夜出。在不同生活阶段,对生活环境有不同的要求,它在内陆河流中生长、肥育,在近岸海水中产卵繁殖。天然种群在 2 月中旬至 3 月中旬为繁殖期,产黏性卵,卵黄色、橘黄色或橘红色。受精卵呈团块状,黏附在贝壳等附着物上孵化。苗种时以轮虫、枝角类、卤虫等浮游动物为食,随着生长便转食虾。可兼食栉鰕虎鱼、麦穗鱼、棒花鱼和鳑鲏鱼等小型野杂鱼。

目前,松江鲈在世界范围内仅分布于中国、菲律宾、日本,朝鲜等国。在中国,历史资料记载的分布相当广泛,其种群几乎遍布整个中南、东南沿海及相关河流水域,北起鸭绿江口,南至九龙江口,如:厦门、舟山、宁波、嘉兴、南京、长江三角洲各地和长江口、苏北沿海、胶州湾、烟台、秦皇岛、庄河、营口、大连等地和台湾北部及西部均有分布,几乎涉及七省(辽宁省、河北省、山东省、江苏省、浙江省、福建省和台湾省)、两市(天津市和上海市)等广大的地区,但水生态条件的变化及捕捞强度的日益加大,目前自然种群数量大为减少,20世纪80年代被列为我国二级保护动物。

松江鲈头及体前部宽且平扁,向后渐细且侧扁,头大,头背面的棘和棱被皮肤所盖。口大,端位。上、下颌,犁骨和颚骨均有绒毛状细牙。眼上侧位,眼间距较狭下凹。前鳃盖骨后缘有四棘,上棘最大,端部呈钩状,翘向后上方。体裸露无鳞,有粒状和细刺状的皮质突起。背鳍2个,在基部稍相连,起点在胸鳍腋部上方,后端近尾鳍基部。臀鳍长,无鳍棘,臀鳍基底具一纵行的橘黄色条纹。胸鳍宽大,椭圆形。腹鳍腹位,狭小,基部相互靠近。尾鳍截形,后缘稍圆。腹鳍灰白色,其余各鳍均黄褐色,并有几行黑褐色的斑条。体背侧黄褐色、灰褐色,腹侧黄白色。其体色可随环境和生理状态发生变化。体侧具4条暗褐色横带,吻侧和眼下各具1条暗带。成鱼头侧前鳃盖骨后缘为橘红色,在鳃盖膜上各有2条橘红色斜带,繁殖期尤为鲜艳。在繁殖季节,成鱼头侧鳃盖膜上各有2条橘红色斜带,似4片鳃叶外露,由此得名“四鳃鲈”。松江鲈两性外形略有区别:雄鱼头部宽大,吻圆钝,具尿殖乳突,体色较深;雌鱼头部狭长,吻稍尖,无尿殖乳突,体色较浅。

松江鲈鱼正常个体100克以下,外形有点像塘鳢鱼,鱼头大而宽扁,头的长度要占到整个体长的1/3。嘴巴宽大,满口毛糙细齿。松江鲈鱼貌不惊人,甚至于有点丑陋,但它的肉质洁白似雪,肥嫩鲜美,少刺无腥,食之能口舌留香,回味不尽,而且营养价值极高,李时珍《本草纲目》称:“松江鲈鱼,补五脏,益筋骨,和肠胃,益肝肾,治水气,安胎补中,多食宜人。”唐诗“江上往来人,但爱鲈鱼美。君看一叶舟,出没风波里”,指的就是松江鲈鱼。鲈鱼脍,即莼羹鲈脍，在历代沿革记载上被誉为“中国第一大菜”。用松江鲈鱼特有的“稚尾莼”，加上虾仁、香菇、冬笋、火腿等佐料，再煨以鸡汤，在火锅内烹煮，其味鲜滑肥美，久烹不老，令品尝者终生不忘。

松江鲈在上海、浙江一带非常有名。研究、发展松江鲈鱼的养殖，将具有重要的经济意义。

一、生物学特性

1. 栖息习性

松江鲈是生活在近海沿岸浅水底层的肉食性鱼类，通常这种鱼栖息在与海相通的湖泊、河流中，在淡水中肥育。幼鱼在淡水中营底栖生活，栖息在清洁的微流中，昼伏夜出；成熟后降海生殖洄游，产卵后，雄性亲鱼留在洞中护卵一段时间，雌鱼则移向沿海近岸处索饵。受精卵孵化成鱼苗后移向近岸沿海，在这一过程中转变为幼鱼，在 4～6 月份进入淡水中觅食生长，至 11 月底再度开始降海产卵。

2. 食性与生长

在自然界中，4 厘米以下的幼鱼，摄食枝角类、桡足类等浮游动物，4 厘米以上开始摄食虾类，体长 4.6 厘米的松江鲈能吞食 2 厘米左右的虾。随着身体的长大，松江鲈开始摄食一些更小的鱼类，如麦穗鱼、棒花鱼等。

松江鲈是个体不大的小型经济鱼类。目前发现的最大个体体长为 17 厘米左右，体重不超过 100 克。鱼苗自海中破膜后向淡水洄游，一边洄游，一边发育生长，6 月份长至 2.4～6.4 厘米，9 月份长至 5.0～8.8 厘米，12 月份可长至 12.5～16.5 厘米。12 月份以后，水温太低，生长缓慢，开始进入停食繁殖期。

3. 繁殖习性

当性腺达到成熟后，亲鱼自淡水降河进入近海中产卵繁殖。其产卵期为每年的 12 月份至翌年 3 月份，产卵盛期在 2 月底至 3

月初。产卵地点在近岸浅海处有洞穴的地方,水温为4～5℃,盐度为30‰～32‰。松江鲈钻入洞穴中繁殖,产黏性卵。其卵呈淡黄色、橘黄色或橘红色,黏度很大,结成团块,粘在牡蛎壳上用手也很难掰下来。

在4～14℃的海水中,卵约需26天孵化出仔鱼。

二、人工繁殖

松江鲈为1龄成熟的鱼类,非生殖季节时,雌雄亲鱼很难辨别,当性腺发育成熟后,雌鱼腹部特别膨大,泄殖孔稍突出,雌雄区分容易。

1. 亲鱼选择与暂养

松江鲈在12月份至翌年3月份进行降河产卵,人工繁殖用的亲鱼多在这时从河口区捕获。一般11～12月份刚开始洄游时,雄鱼数量多,雌鱼数量少;随后雌鱼数量逐渐增多,雄鱼数量逐渐减少。

将捕上来的亲鱼放入淡水池塘中暂养。暂养期间保持水质清新,不投饵料。繁殖前1周,将亲鱼从池塘中取出,放入4.9‰的海水水泥池暂养,1天后增加盐度到9.8‰。5～7天后,将亲鱼雌雄分开放入10‰的海水中等待催产。在此期间的一切用水,最好是洁净的海水,内地人工配制海水时,不能单纯使用食盐,最好使用盐场的粗制海盐加上浓缩海水。

2. 人工催产

将松江鲈雌雄亲鱼注射催产药物后,分开放入催产池,等效应时间到时,即雌鱼滴卵时,再将亲鱼捕出进行人工授精,催产药物使用剂量与配置、注射方法及人工授精方法同加州鲈、花鲈等相似。受精卵呈淡橘红色或淡橘黄色,具强黏性,受精卵有多个大小不等的油球,吸水膨胀后,卵径达1.64～1.77毫米。

3. 人工孵化

松江鲈怀卵量 5 100～12 800 粒，经人工授精的受精卵附在受精容器的底部很难取出。所以要将受精卵和容器直接放入 8‰海水中孵化。孵化期间，温度保持 4～14℃，最适 7～8℃；最好微流水或经常换水；注意昼夜温差不要超过 3℃；孵化用水要经细筛绢过滤，防止敌害生物进入；孵化期间定期用亚甲基蓝或甲醛消毒，防止水霉菌感染。

经 1 个月左右的孵化，仔鱼陆续破膜而出。破膜后 2～3 天，即可投喂一些小型浮游动物，开展松江鲈的苗种培育。

尽管松江鲈鱼的人工繁殖各地都有成功的报道，但规模化生产技术，还要继续开展试验和总结。

三、成鱼养殖

松江鲈的商品养殖尚未形成规模，主要是松江鲈的苗种来源非常有限，天然苗种很少，人工苗种尚未达到规模化供应，因此，人工养殖也仅是处于试验阶段，从已有的报道来看，松江鲈养殖，应注意以下几点。

(一)养殖池条件

用于成鱼养殖的池塘面积不宜太大，一般以 300～700 米^2 为宜，水深不超过 1 米。池塘的形状以长方形为好，东西走向，长宽之比为 2∶1，池塘坡度可以大一点，为 2∶1，池底的结构可采用水泥底和硬质土底两种，要平整，稍有倾斜度，有利于排干池水，在池底和池壁设置一些竹筒，或以砖、瓦等堆成洞穴，以适应松江鲈白天栖息在阴暗处，夜间出来觅食、活动的特性。水源水质要好，没有工业污水、农药、化肥的注入。鱼池要紧靠水源，以便及时注、排活水。水源一定要活水，不能是死水，循环水最好。放养松江鲈前 15 天左右鱼池必须排干池水清野，用生石灰消毒，然后让池底在阳光下曝晒，以防止松江鲈被其他凶猛鱼类如黑鱼、鲶鱼等吞食和预防鱼病的发生。

(二)标粗培育

尽管松江鲈个体较小，但如果将松江鲈鱼苗直接放养到成鱼池内饲养，其存活率极低，因此，在成鱼养殖前，应进行标粗培育。

标粗池塘以300米^{2}为好，一般可放养松江鲈鱼苗5 000尾左右，在放入鱼苗之前，池中需施放基肥如粪肥、厩肥、绿肥等，一般每亩施放发酵的粪肥150千克左右，待鱼池水质转肥后，再放入5～10千克的淡水虾类(最好是抱籽虾)，使其能繁殖幼虾，作为松江鲈的饵料。在松江鲈鱼苗放入鱼池以后，要以培育鳙鱼鱼种的方法定期补充有机肥，使水中有丰富的浮游动物，倘若池中的饵料生物不足，必须从其他鱼池中捞取浮游动物或小虾来投喂，以确保松江鲈鱼苗有充足的饵料，但水质绝不能和培育鲢、鳙鱼种一样肥。要掌握在虾类于凌晨时不因缺氧而浮头为准。一般来说，水中溶解氧要能保持在5毫克/升以上，以免松江鲈鱼苗缺氧而死。暂养1个月左右，松江鲈达到3厘米左右时就应进行分塘，饲养成成鱼。

(三)成鱼饲养

成鱼饲养方式可分为单养和混养两种。鱼池单养，每亩可投放夏花鱼种1 000～3 000尾，池塘中要适当施放些肥料，但不能使水质过肥，保持溶氧充足，饵料丰富，透明度在40厘米左右。经常投喂活虾和小型底栖性鱼类或活的蝇蛆。鱼池混养，适宜与草、鳊鱼混养，而不宜与鲢、鳙鱼鱼种或青鱼、鲤鱼等混养。

松江鲈的成鱼养殖池塘以小池塘为好，面积在2亩以内，其天然生活环境要求较高，故人工养殖时要尽可能满足其对水质、饵料的生存、生长条件。日常管理工作的重点是：①水质控制，随时除草去污，保持池塘环境卫生。及时冲水、换水保持水质清新。要及时驱散有害鸟兽等。②充足、及时投饵，根据季节、天气、鱼的活动情况，调节投食量，松江鲈的食料为小虾、小鱼，现阶段，应尽可能投喂鲜活虾、鱼。③加强巡塘，及时冲水、增氧，每日黎明时检查是否有浮头现象，是否有缺氧现象，近黄昏时检查有无浮头的预兆，以保证夜间的安全；特别是在酷暑季节，天气突变、闷热无风、阴霾或降雨前后、傍晚突降雷阵雨的夜间，鱼最易发生浮头，还应在半夜前后巡塘，以便及早发现，采取措施。经常注入新鲜水，水质保持良好，做好防逃、防病等工作，病鱼、死鱼应及时捞掉，发现异常情况，及时采取措施。

(四)鱼病防治

1. 白皮病

发病初期，在尾柄处先出现一些白色小点，并很快地扩大，连成片，随后向背鳍、臀鳍及体表至尾鳍基部发展，皆成白色，不久即死亡。

病原体：为白皮极毛杆菌，菌体为杆状，顶端有 1～2 根鞭毛。

发病情况：在鱼种和成鱼阶段均有发生，发病时间在 6～12 月份。

预防方法：在捕捞操作时，要手脚轻快，轻拿轻放，尽量避免鱼体受伤；放养鱼种前，使用 8～10 毫克/升高锰酸钾溶液浸浴 10 分钟左右。若发现浸浴时鱼有缺氧症状，可进行充气增氧。养殖期间，保持鱼池水质清爽，饲料丰富、新鲜。

治疗方法：二氧化氯等消毒剂全池泼洒；五倍子 2～4 毫克/升浓度全池泼洒。

2. 锚头鳋病(又称针虫病、蓑衣虫病)

在病鱼体表肉眼可见锚头鳋，虫头钻入鱼体，虫身留在鱼体外。锚头鳋头部钻入的部位，四周组织红肿发炎，尤其对鱼种的危害比成鱼更为严重。1 尾松江鲈身上往往叮着 4～6 个锚头鳋，像穿了一件蓑衣一样。

病原体：锚头鳋寄生引起。

发病情况：锚头鳋对鱼种的危害较大，此病终生可以发生，以

6～10月份为多。

预防方法:用生石灰带水清塘,可以杀灭水中的锚头鳋幼虫,放养鱼种时,用8～10毫克/升浓度的高锰酸钾液浸洗;放养以后,鱼池加注新水时,用细筛绢过滤,可以避免锚头蚤幼虫随水进入鱼池,有效地防止此病发生。

治疗方法:敌百虫0.3～0.5毫米/升全池泼洒。

至于细菌性烂鳃病、鞭毛虫病、车轮虫病是暴发性疾病,一旦发生,死亡率极高,应采取加州鲈生病时相似的防治方法。此处不再赘述。

第五章　河鲈的养殖技术

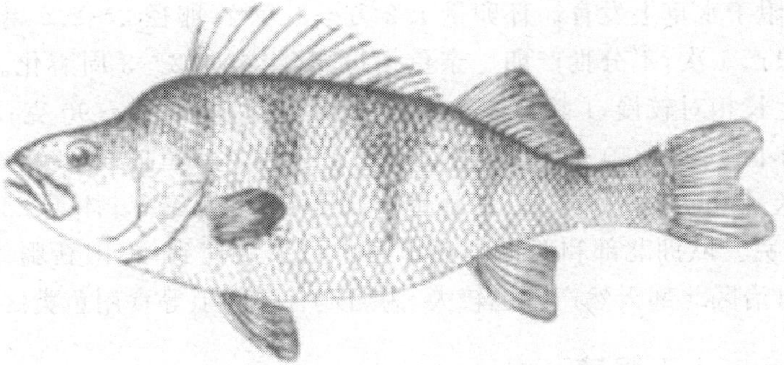

河鲈(*Perca fluviatilis*；river perch)，属鲈形目，鲈科，鲈属。俗称：五道黑。河鲈体侧扁，长椭圆形，尾柄较细。头小，吻钝，口端位。下颌比上颌稍长，上颌骨后端达眼的下方，上下颌及口盖骨上均有细齿。前鳃盖骨后缘有许多小锯齿，后鳃盖骨后缘有 1 根刺。两背鳍略分离，第一背鳍为 8～16 根硬刺，其中第 4 根最长；第 2 背鳍为 3 根硬刺和 13 根软鳍条，以第 1、2 根鳍条最长。胸鳍侧位而较低，腹鳍胸位，尾鳍浅叉形，两叶末端圆。体为棕褐色，有 7～9 条黑色横斑，腹部白色；背鳍浅灰黄色，第 1 背鳍后部有 1 个大黑斑；胸鳍浅黄色；臀鳍、腹鳍及尾鳍为橘黄色。

河鲈生活于植物丛生的江河、湖泊中。通常有两个类群：一个种群生活于沿岸浅水区，以无脊椎动物为食，个体较小，生长也慢些；另一个种群栖居于深水区，以小型鱼类为食，个体大些，生长较快，最大个体可达 500 毫米。河鲈产卵期通常停止摄食。仔鱼以浮游动物为食，体长达 40 毫米时，则以小型鱼类为食，有时亦食些水生昆虫和甲壳类。河鲈在夏季摄食比冬季为旺，产卵时期通常停止摄食。

河鲈3龄性成熟，但在不同水域中，其性成熟时间有很大差别。南方养殖河鲈1～2龄即性成熟。河鲈产卵水温7～8℃，早春在解冻后不久即在水流平稳的场所产卵。卵产出后，连成长带状，附于水草上发育。怀卵量1.2万～3万粒，卵径2～2.5毫米。卵只产1次，不分批产卵。亲鱼不护卵，受精卵2～3周孵化。河鲈生长相对较慢，1龄鱼体长130～170毫米，体重40～90克；2龄鱼体长150～240毫米，体重100～200克；3龄鱼体长190～260毫米，体重210～250克；4龄鱼体长280～320毫米，体重250～450克。欧洲北部和西伯利亚江河中可大量捕到，中国新疆维吾尔自治区北部天然产量也较大，为当地有名的上等食用鱼类之一。

一、人工繁殖

1. 亲鱼培育

秋季收集繁殖用亲鱼，要求体质健壮、无伤无病、体重500克以上，雌雄配比1∶1.5。越冬前投喂小杂鱼强化培育。封冰前水温5～10℃转入越冬池，越冬密度200～250千克/亩。河鲈越冬期间也不停食，所以越冬池里需投喂小杂鱼作为饵料，投喂量约为亲鱼总量的2～3倍，以促使亲鱼性腺发育。越冬期间要保持水质清新，水深3米，北方冰封期间要打冰眼，观察鱼群活动情况，并及时扫除积雪，以防越冬亲鱼缺氧死亡。

2. 雌雄鉴别

生殖季节，雌鱼腹部较雄鱼膨大松软，雌鱼生殖孔凸出，雄鱼生殖孔凹进。

3. 人工催产

选择成熟度好的河鲈进行催产，催产剂可采用绒毛膜促性腺激素（HCG）与促黄体激素释放素类似物（LRH-A_2）合剂或单用

HCG。剂量分别为 HCG 500 国际单位＋LRH-A_2 5 微克/千克鱼体重或 HCG 1 000 国际单位/千克鱼体重，雌雄剂量相等。催产后亲鱼放入网箱或产卵池，注意观察鱼群活动情况，水温 12℃左右，效应时间为 35～40 小时。催产用亲鱼可选自池塘培育，也可在繁殖季节从市场收购。

4.人工孵化

成熟度好的河鲈经催产后可全部产空，卵为胶质卵，连成带状呈半漂浮状态。将胶质受精卵移入孵化槽流水孵化或静水充气孵化。孵化水流早期要求微弱，以后逐渐增大水流直至出膜前期。当有少量鱼苗出膜后，要缓慢减少水流。河鲈孵化期较长，从受精卵到鱼苗出膜需 100～120 度·日，卵黄囊吸收期需 40～60 度·日，孵化适温 10～16℃，易发生水霉病。

5.夏花培育

刚孵化出的河鲈鱼苗通体透明，全长 0.65 厘米左右，卵黄囊吸收完毕时全长为 0.7 厘米左右。鱼苗出膜 3～4 天后，卵黄囊吸收完毕进入平游期，可转入夏花鱼种培育阶段。

二、苗种培育

1.水泥池培育

面积 5～10 米^2，放养密度 100～200 尾/米^2。投喂浮游动物如轮虫、小型枝角类、桡足类等作河鲈鱼苗早期饵料。饵料可用饵料生物池培养，也可以直接从其他水体中捞取小型浮游动物投喂。但收集来的浮游生物必须经过过滤以确保投喂的是轮虫和小型枝角类、桡足类，防止投入剑水蚤成体等大型浮游动物，以防对鱼苗造成威胁。5～7 天后每天投喂切碎的小杂鱼等补充动物蛋白，经过 15～20 天的培育，鱼苗可长至 3 厘米。这时应转入饵料丰富且有水草作隐蔽场所的池塘养殖，以减少自残现象发生。

2. 池塘培育

直接把平游期鱼苗从孵化车间移至夏花培育池进行培育。池塘面积2～3亩，水深1.5米左右，放养密度5万～6万尾/亩。人工繁殖开始前2～3周，每亩用生石灰150千克进行清塘消毒，并施发酵过的粪肥300千克，以确保鱼苗下塘时有足够的浮游动物作开口饵料。待生石灰药力消失后，播种水生植物种子如苦草等，一是有利于浮游动物、底栖动物栖息，二是为鱼苗提供隐蔽场所，防止自相残食现象发生。一般经过2～3周培育后，体长达3～4厘米，夏花阶段培育结束。

三、成鱼养殖

1. 池塘条件

池深2.5～3.5米，池底平坦，淤泥较少，保水性能好，进、排水方便。排水口比常规池塘要大，以便于及时排水降温。配备机井1口，每池配备3千瓦增氧机1台及20厘米潜水泵1台。

2. 鱼种放养

放养前15天，用生石灰干法清塘，清塘后6～7天，加注新水至1米深水位，每亩堆放发酵好的鸡粪300千克，同时，在池塘四周种植部分水花生。

3. 饵料投喂

养殖前期，将收购的野杂鱼绞成肉泥，分成8个点堆放在池四周，每天投喂3次。经过1个月的驯化，最后集中在饵料台上投喂。养殖后期投喂从市场上收购的野杂鱼。投喂前，先将饵料鱼用清水洗净，再用浓度为20毫克/升的高锰酸钾溶液浸泡15～20分钟或用浓度为5%的食盐水浸泡5～10分钟，然后将饵料鱼绞碎后投喂。投喂量为河鲈体重的3%～8%。投喂时要有耐心，当抛出的饵料吃完后，再抛下一次，直到池鱼不再激烈争食为止。投喂分上午、下午各进行1次，要根据鱼的摄食、活动状况及天气变化情况灵活掌握。该鱼和鲈形目其他肉食性鱼类一样，自然生活中以水生昆虫、小鱼为主食，经驯化后可完全摄食人工配合颗粒饲料。

4. 水温调控

河鲈属亚冷水性鱼类，夏季水温不能太高。养殖前期每周加注1次新水，每次加水20～25厘米。高温季节，池塘水位保持在2米以上，使底层水温保持在30℃以下。有条件的地方，高温季节，大量冲进地下井水，或外河水降温效果更好。

5. 日常管理

观察鱼群活动和水质变化情况，保持水的透明度在30厘米左右。天气炎热时勤加新水，合理使用增氧机。发现问题，及时采取措施解决。严格防止农药、有害物质等流入池中，及时用生石灰和富氯等消毒水体，以达到防病之目的。

四、病害防治

河鲈的病害预防参照加州鲈的管理方法，重点做好水质管理与饵料消毒工作，平均每15～20天用生石灰和二氧化氯交替消毒水体1次。保证投喂的饵料均为鲜活饵料或营养全面的配合饲料，鲜活饵料要做好投喂前的消毒工作。

第六章　梭鲈的养殖技术

梭鲈(*Lucioperca lucioperca*)，属鲈形目，鲈科，梭鲈属。梭鲈原分布于欧洲的咸海、黑海、里海以及波罗的海水系的河流、湖泊，在我国仅分布于新疆伊犁河水系和额尔齐斯河水系。梭鲈是鲈科重要经济鱼类之一。该鱼适温广(0～33℃)、耐盐碱，从淡水到盐度为11‰的水域均能很好地生活。梭鲈生长速度快，肉质细嫩，肌间刺少，加工简便。营养价值极高，其蛋白质含量超过21.03%，比鳜(17.56%)高，5种致鲜氨基酸含量为9.31%，高于虹鳟(9.11%)，食用效果好于鳜。梭鲈抗病能力极强，大大减少了鱼病防治药物的使用和污染。

梭鲈体肥肉厚，体呈梭形，口端位、口间距不大，上下颌有颚齿和犬齿，鳃部生有锐利的小刺。背鳍较长分为前后两部分，尾鳍为分叉的正形尾，腹鳍在胸部稍后于胸鳍。梭鲈身体淡黄色，腹部呈黄白色或淡灰色色调，身体两侧有大致纵行的浅黑色不规则色素斑8～12条。

目前，科技工作者已完成了梭鲈鱼种培育、成鱼养殖和亲鱼培育，于2005年5月成功地进行了梭鲈人工繁殖，开展了梭鲈苗种的批量生产，梭鲈养殖有望加速推广。

一、生物学特性

1.生活习性

梭鲈喜生活在水质清新、透明度高、溶氧高、pH 7.14～8.12且有微流水的环境。梭鲈属中下层鱼类，多在较深的水层平稳地活动，稍有惊扰则迅速潜入水底。

2.梭鲈的食性

梭鲈为凶猛性鱼类，成鱼主要以其他小型鱼类为食。梭鲈仔鱼的开口饵料为轮虫以及甲壳类的无节幼体，也可摄食人工投喂的蛋黄颗粒。在土池培育梭鲈仔鱼中，用有机肥肥水培育轮虫作开口饵料，效果很好。梭鲈稚鱼期以枝角类、桡足类为食，幼鱼期的饵料为摇蚊幼虫等底栖无脊椎动物和小鱼。

当梭鲈生长到22～26毫米时，食性完全转变为以其他鱼类为食，此时应在苗种池中及时投放鲤、鲫、鲢等鱼类的水花作为其转食饵料，否则会因饥饿而相互残食，大大降低成活率。当鱼体达到7～8厘米时，应投喂新鲜小杂鱼及鱼类加工废弃物组成的鱼浆等，此时也是进行人工饵料驯化的良好时机。

3.梭鲈的生长

刚破膜的梭鲈鱼苗体长仅3.11～4.18毫米，经4～5天体长达4.15～5.18毫米，20～30天体长达9.16～20.17毫米，40～50天体长达15～30毫米。梭鲈鱼苗的生长与水温、自身体质、生活环境有关。水质清新、饵料充足适口，梭鲈苗生长快。在人工养殖饵料充足的条件下，梭鲈当年可长到100～200克，2龄鱼可长到500～1 000克，可作为商品鱼上市。

4.梭鲈对温度、溶氧、盐度的耐受力

梭鲈属亚冷水性鱼类，其适温范围为0～33℃，梭鲈生长的适宜温度为14～25℃。与鲤科鱼类相比，其耐高温能力稍弱一些。32℃应视为梭鲈耐高温的危险界限值。因此，在夏季高温炎热季节，池塘水深应保持在2米以上。

梭鲈喜生活在水质清新，透明度高，且有微流水的环境中。通常不到溶氧低的水域活动。因此，梭鲈对水中溶氧的要求比一般鲤科鱼类高。根据试验。适宜梭鲈生长的溶氧量在5毫克/升以上，一般不应低于3毫克/升，其溶氧的危险界限为2毫克/升。因此，养殖梭鲈的池塘应经常保持微流水状态或定期换水。

梭鲈自然分布在淡水和咸淡水水域中。通常盐度在10‰以下可视为其生存安全范围。

5. 繁殖习性

梭鲈的繁殖水温为12～16℃。在自然水域中，繁殖季节雄性亲鱼选择适宜的环境，用鳍和身体将树根、杂草、碎石等物筑成相当于体长2倍的产卵场，然后将成熟的雌鱼赶进鱼巢进行繁殖。产卵后雄鱼护巢，并用鳍扇动水流增加溶氧和清除泥沙，并驱赶靠近的杂鱼，直到出苗。尾重2～3千克的雌性亲鱼怀卵量为30万～40万粒。

二、人工繁殖

1. 亲鱼挑选与培育

在繁殖季节梭鲈没有明显的副性征，仅是腹部的颜色有所不同；雌亲鱼腹部为淡黄色，雄亲鱼的腹部为淡蓝色。雌鱼的生殖器外凸且红润，腹部丰满；雄鱼的生殖孔不太明显，周围不凸出。将符合上述特征的亲鱼挑选出来专塘培育。培育池面积以2～3亩为宜，最好在产卵前1个月移入，经产前强化培育，培育期间及时投喂饵料鱼，定期冲水，促进亲鱼性腺进一步发育。雌雄按1∶(1～1.2)配对。

2. 人工催产

(1)注射催产剂。采用$LRH\text{-}A_2$＋DOM进行催产，一次性注射；雌鱼的剂量为($LRH\text{-}A_2$ 6～10微克＋DOM 6～10微克)/千

克，雄鱼减半。

(2)产卵池及鱼巢设置。梭鲈产卵无需特殊的产卵池，清理消毒好的池塘即可；面积1～3亩不等，视亲鱼数量而定；水深1～1.2米为宜。鱼巢是用“井”字形铁丝网裁剪而成，大小可按亲鱼体长的1倍制作，然后将棕片整理松散居中固定在铁丝网上。鱼巢放入产卵池前消毒处理，用清水浸泡后冲洗干净，放置于池塘边0.8～1.0米水深处。底部为硬底，用细绳固定在池边的竹竿上，以便检查是否产卵。放置鱼巢的数量按亲鱼的组数而定；鱼巢相距约1.5米，因梭鲈不是同一天产卵，因而在收取鱼巢后，原位可补放鱼巢。为促进亲鱼的性腺发育，保证水质清新，要定时冲水，以刺激亲鱼产卵。

(3)受卵收集。梭鲈一般在傍晚至清晨产卵，受精卵黏附于鱼巢上。同一批鱼注射催产剂后，第三天开始检查鱼巢，见有鱼卵即可带水移至孵化池，梭鲈产卵时间较长，从开始收卵到产卵结束1周左右。

3. 受精卵孵化

将鱼巢垂直悬挂于水中，并用气泵充氧。梭鲈因性腺发育等原因，即使同时催产的鱼，产卵时间也不一致，最好同一天产的卵放同一水池内孵化。用池塘静水孵化时以1～2亩为宜，较大的池塘可临时用尼龙布分隔，分多个小池孵化可提高梭鲈鱼苗的成活率。孵化前3天加水，最初池水深度保持1米，加水后第二天用0.5毫克/升的晶体敌百虫泼洒，以杀灭池塘中的大型枝角类和桡足类，尤其是剑水蚤，以免在孵化过程中数量增加而对鱼卵和鱼苗造成危害。受精卵在水温8～14℃时，经过10～12天的孵化，胚胎陆续出膜。

梭鲈人工催产时，时常有冷空气入侵，孵化鱼苗最好还是在控温的室内或在保温棚内进行。

三、苗种培育

1. 夏花培育

刚破膜的梭鲈苗通体透明，卵黄囊近似球形，晶莹透亮，晶状体黑色，借助水流身体上下扭转游动，经4～5天的内源型营养过程，体长达4.15～5.18毫米，此时可开口吃食。开口饵料为轮虫、无节幼虫等；10天左右卵黄囊全部消失，饵料的需求量随之加大，可增喂卤虫幼虫；15毫米时可吃食大型浮游动物，如枝角类、桡足类；20毫米时转向底层，吃食小型底栖生物，如丝蚯蚓等；30毫米便可吃食小鱼苗。夏花培育从开口吃食时开始，放苗前需用生石灰彻底清塘，加水时严格过滤，切勿带进小杂鱼、泥鳅等有害生物。采取施有机肥或泼洒豆浆方法培育饵料生物。每亩池塘可培育夏花3万～5万尾。育苗池面积1～3亩为宜，水深0.8～1.2米。

2. 鱼种培育

梭鲈夏花鱼种便可拉网出售或分塘，3厘米的鱼苗身体仍透明，仔细可看到内脏，拉网捕捞时要特别小心，操作动作一定要轻、要快。鱼种培育池面积2～3亩，水深1.5～2.5米。鱼种池亩放养夏花数量为2 000～3 000尾。要随时补充饵料鱼，如饵料不足，可造成相互残杀。经常加注新水，加水时要防止有害生物进入。

随着梭鲈夏花不断生长，陆续向池塘中补充鲤夏花、麦穗鱼、劣质观赏鱼苗、白鲢鱼苗。低背型鱼类更佳。鱼种培育阶段所投放的饵料鱼全长保持在梭鲈全长的20%～30%。

冰鲜饵料鱼必须经过3%食盐消毒后才能投喂。对于已经完成食性驯化的梭鲈则可以参照加州鲈的养殖方式进行养殖。

3. 食性驯化

梭鲈稚鱼食性驯化的适宜生长阶段可在体全长4.58～5.77厘米，体重0.98～1.20克时进行。在该规格前梭鲈稚鱼主要以浮游动物为食，也可摄食投喂的鲤鱼苗，饵料来源较为充足，且又处于稚鱼发育的关键时期,若过早驯化会降低稚鱼的成活率。如果驯化规格过大,则肉食性、掠食性已经形成,已难以驯化。

梭鲈稚鱼对不同的人工饵料表现出不同的兴趣:对于条状动物性饵料摄食强度大,对植物性和粉末制成团状的人工饵料摄食强度小。

对梭鲈鱼苗的驯化需经过由活饵到死饵,由全动物性饵料到动物性加植物性饵料的过程。人工饵料的变换每次只能部分地改变,其驯食方法与加州鲈类似。

四、成鱼养殖

将经过中间培育,体长达到3～5厘米的鱼种运输到成鱼养殖池,放养时注意溶氧与水温、水质的适应问题,如果用氧气袋运输。不要急于打开充氧袋,将充氧袋置于池塘中,使鱼种适应温度、水质的变化后,才打开充氧袋,并用3%食盐水消毒10分钟后才放下塘。袋内外温差应小于3℃,梭鲈成鱼主要养殖方式为以下三种。

1. 成鱼或蟹池套养

养殖池套养梭鲈,可以达到清除野杂鱼、改善养殖条件、节约饵料、提高产量的效果,同时又将低值鱼类转化成高档鱼类,提高池塘的利用率和经济效益。梭鲈鱼种的套养规格为50～150克,放养量为20～30尾/亩,若放养6～8厘米大规格夏花,套养30～50尾/亩为宜。作为配养鱼的梭鲈投放量,主要取决于池塘中饵料鱼的丰歉和人工辅助饲料投喂情况,若管理得好,套养梭鲈鱼种的池塘秋后可出塘商品鱼20～30千克/亩;套养梭鲈夏花的池塘可出塘大规格梭鲈鱼种30～40尾/亩。养殖期间应注意:

①因梭鲈耗氧量大,池塘应经常保持较高的溶氧,高产塘不宜套养梭鲈。

②池塘应保持足够量的饵料,包括饵料鱼和人工投喂的饲料。

③梭鲈起捕率高，在拉网密集时，应先将梭鲈挑出，避免因困箱缺氧而造成死亡。

2. 池塘单养

模式一：池塘要求：水质清新、进、排水方便，水深 2.5 米左右，面积 5 亩。生石灰清塘后，放养梭鲈鱼种前 5 天先放养饵料鱼。

每亩放规格 50～100 克的梭鲈鱼种 400～600 尾/亩。同时，每亩配养 50 尾的大规格鳙鱼，秋后可以生产梭鲈 200～300 千克。

日常管理：随时投喂充足适口的饵料鱼或设置食台投喂适口的冻鲜鱼及其他人工配合饲料，总投喂量为商品鱼产量的 4 倍左右；采用生物增氧和机械增氧措施；检查吃食情况和鱼病发生情况；每隔 10 天加注 30 厘米新水。

模式二：鱼池条件同上。每亩投放体长 5 厘米夏花 1 000 尾，投喂活饲料鱼，基本方法与养殖鳜鱼相同。但投喂的饲料鱼规格与投喂给鳜鱼的要小一点、体长细一点（饵料鱼为梭鲈体长的 15％左右）。如果饲料鱼适口并充足，当年鱼苗可长成体重 0.5 千克以上的商品鱼。

3. 微流水池单养

在有条件的地方采用自流水的池塘，养殖梭鲈成鱼可取得较好的效果。池塘面积 330～1 300 米^2，水深 1～2 米，池埂可以砖石砌成，也可土埂，以保证汛期不淹不冲为准。池塘一般为长方形，进出水口要设置牢固的防逃设施。放鱼前池塘要清整。视流水条件投放鱼种数量可高于静水池塘养殖的 50％～100％，不需或少量配养其他鱼类，喂养和管理方法大致同于静水池塘养殖。

第七章　宝石鲈的养殖技术

宝石鲈（*Scortum barcoo*），学名高体革鯻，隶属于鲈形目，鯻科，革鯻属。宝石鲈体形呈纺锤形，体厚而扁圆，头小、口端位，头后背拱起，腹部大而浑圆，由于体侧有黑色发亮的椭圆形及零星散布的小斑块，很像漂亮的宝石而得名。宝石鲈生性好动，游泳迅速，喜栖息于水体的中上层。在自然条件下，以小鱼、小虾为食，尤喜食水蚯蚓、红线虫、面包虫等活饵。在人工养殖条件下，可投喂颗粒饲料，有明显的集群抢食习性。它的生存水温为 10～38℃，最佳生长水温为 20～28℃，水温在 10～15℃时行动迟缓或静止于水的中下层。宝石鲈对溶氧要求不高，自然水域要求溶氧在 2.5 毫克/升以上，工厂化集约式养殖要求在 3.5 毫克/升以上。具有生长快、食性杂、耐低氧、适应性强和抗病能力强等优点。

宝石鲈原产于澳大利亚淡水水域，具有肉味鲜、肉质嫩、出肉率高等特点，已成为我国淡水养殖品种中的一枝新秀。宝石鲈对环境适应能力强，饲料来源广，病害少，群体生长均匀，没有互相残食现象，非常适合池塘、网箱和工厂化养殖，养殖前景非常广阔。

一、大规格苗种培育

宝石鲈刚出膜鱼苗很小，全长只有1.6毫米左右，活动能力也弱，加上其鱼苗需摄食活饵料，环境条件适应范围狭窄等特点，人为控制难度较大。因此，宝石鲈育苗效果不稳定。本书仅就其大规格苗种培育技术介绍如下。

1. 池塘准备

选择面积2～3亩，水深1.5米左右的池塘，要求池底平坦、淤泥厚10厘米左右，进、排水方便，水质清新无污染，pH 6.8～7.5，溶解氧4.5毫克/升以上。每池配备水泵1台。在宝石鲈夏花鱼苗放养前15天，每亩用150千克 生石灰进行干法清塘，杀灭塘内的敌害生物和病原菌。放养前7天，每亩水面投放经腐熟发酵的有机肥300千克，接着注水0.6米。注水时注水口用60目的筛绢网过滤，以防敌害生物进入池内。待池塘内的枝角类、桡足类、轮虫和水蚯蚓等繁育达到高峰时投放夏花鱼种。

2. 夏花投放

一般在5月中、下旬，池塘水温达20℃以上时放养夏花。夏花规格为体长2.5厘米以上。放养时先将鱼苗倒入盛有50毫克/升食盐水的盆内消毒10分钟，然后连鱼带水一起倒入培育池内。每亩投放量以2 500～3 000尾为宜。鱼苗下池3天后开始投饵，先投喂鲤、鲫鱼苗，每亩每天投放体长1.2厘米左右的鲤、鲫鱼苗8万尾。

3. 饲料及投喂

宝石鲈为肉食性鱼类，可用小鱼虾、野杂鱼肉块、新鲜动物内脏等喂养，经过驯化可投喂粗蛋白35%以上的人工配合颗粒饲料。日投喂量在前期鱼体较小时，为鱼体总重的8%～10%，中后期随鱼体长大，为鱼体总重的6%～8%。根据宝石鲈不喜强光的习性，应在早、晚2次投喂，投喂时掌握“慢、快、慢”的原则，一直喂到多数鱼离开投料点为止，一般每次投喂时间在 30 分钟左右，防止饲料沉底浪费并污染水质。

当鱼苗生长到 5 厘米以上时即开始驯食，投喂活鱼苗 2 天后，第三天开始投喂新鲜碎鱼块。采用抛投驯化的方式，先少量投喂，再逐步加大投喂量，4～5 天后即可完全适应。上午 7～8 时投全天量的 3/5，下午 16～17 时再投 2/5。

4. 水质管理

夏花鱼苗应浅水下池，一方面可提高池塘单位水体的饵料密度，有利于鱼苗摄食；另一方面可提高水温，有利于促进鱼苗生长。随着鱼苗的快速生长，逐步加深池水，14 天后将水深加到 1.5 米。以后每 7 天换水 1 次，每次换水量为池水的 1/6～1/5。每天早、中、晚巡塘 3 次，观察鱼苗的摄食、活动、生长及池塘水质变化情况。下午 13～14 时用水泵冲水增氧 1.5 小时，并定期测量溶氧、pH 值变化等，以便及时调整投饲量、搞好鱼病的预防工作。

经过 30 天时间的精心培育，宝石鲈鱼苗规格全长可达 9 厘米以上，这时要及时将鱼苗起捕分养，开展成鱼养殖。

二、成鱼养殖

宝石鲈生长较快，当水温上升至 20℃时，投放当年 3～5 厘米大的优质苗种，只要精心饲养管理，一般经 4～5 个月的饲养，至 10 月中、上旬就可达到 400～500 克/尾的商品鱼规格。池塘养殖亩产可达 750～1 000 千克，网箱和工厂化养殖产量与效益更高。

1. 养殖方式

①池塘养殖。养殖池塘要求水源充足，溶氧丰富，池塘面积 3～5 亩，水深 1.5～2.5 米，配备增氧机，进、排水渠齐全。池塘单养的放养密度为 1 000～3 000 尾/亩，池塘混养的放养密度为30～50 尾/亩。

②网箱养殖。根据宝石鲈的生活习性，网箱养殖选择在常年

水深 10 米以上，流速 0.02～0.2 米/秒的水域设置网箱。放养密度为每平方米 30～40 尾。要求避开主航道、环境安静、风浪小、水质清新、无污染、交通方便、电力供应有保障。

2. 鱼种放养

就近选择体质健壮、游动活泼、规格整齐、无病无伤的 5 厘米以上大规格鱼种。宝石鲈鱼种对水温变化较敏感，在鱼种放养时温差以不超过±2℃为宜。进塘(箱)前应用 2%～3%的食盐水浸洗 7～8 分钟。

3. 饲料投喂

饲料要求为浮性全价配合颗粒料，饲料粗蛋白含量要求在 35%～40%。投喂时首先要进行 1 周的摄食驯化，每天驯化 2 次，一般在 7～8 时和 16～17 时进行，按照“慢、快、慢”的节奏和“少、多、少”的原则掌握投饲速度与投喂量。投喂量应根据水温、鱼种规格及其实际摄食情况灵活掌握，每次投喂时先敲击饲料桶或盆，增强投喂的条件刺激，驯食以鱼不再集群抢食为止。水温在 18～20℃时投喂量为鱼体重的 2%～2.5%，21～35℃时为鱼体重的 3%～7%。

4. 日常管理

宝石鲈养殖时注意巡查，发现问题及时处理，尤其是网箱养殖，要勤查网箱网眼是否畅通，是否破损，防止附着的泥沙、藻类过多，堵塞网眼，影响水体交换；宝石鲈养成也像加州鲈一样，饲养一段时间后，个体间会出现规格差异，应及时分规格养殖，避免两极分化，影响产量；宝石鲈属温水型鱼类，水温低于 15℃时就应该做好出售或保温越冬准备，避免造成不应有的损失。

三、病害防治

应坚持“以防为主、健康管理”原则。鱼种放养和每次分箱时都应用食盐或二溴海因等药物药浴，每隔 20 天左右应用 15 毫克/

升的生石灰和0.3毫克/升二溴海因泼洒消毒。目前发现的宝石鲈病害主要有下列几种。

①小瓜虫病。是宝石鲈的常见病,由小瓜虫寄生鱼体皮肤及鳃组织引起,可采用干辣椒粉与生姜煮水方法进行泼洒治疗。

②出血性败血症。该病由海豚链球菌感染所致。病鱼眼球凸出,腹部肿胀,肛门突出、红肿,解剖后可见血性腹水,肝脏肿大、土黄色、质脆,脾脏深紫色、体积偏大,肠内无食物、弹性差、易断,胆囊肿大,鳃发白。背鳍、尾鳍基部发红。肝肾组织受损较严重。该病全年均可发生,各种规格鱼均易感染,是宝石鲈常见病害。

防治方法:用聚维酮碘、二氧化氯等进行水体消毒;同时,每100千克饲料中加180克土霉素,连续投喂7～10天。

③爱德华氏菌病。发病初期,鱼体食欲减退,体色发黑,常在水面缓游,时而蹿游,此时病鱼体侧近尾部、或头的顶部、或鳃盖后部出现发红的块状腐烂病灶,并充血发炎,体侧后半部常见鼓起淡灰色的凸起,内有血水,有的病鱼出现两个眼或一个眼鼓凸。解剖病鱼可见肌肉多处渗血发红,胃空,肾脏、脾脏或肝脏出现白色细小的点状物(多见肾脏及脾脏同时呈现白色点状物),胆囊色深肿大,肝脏颜色异常。白色点状物经接种培养及组织切片观察,有爱德华氏菌。高温季节,平均水温达到28℃时会引发此病。

防治方法:在集约化养殖时,应勤排污,早换水,严把饲料质量关,不用劣质鱼粉,不投发霉变质饲料。平时预防可每隔10～15天泼洒1次含氯消毒剂,治疗时除用消毒剂全池杀菌外,饲料中还拌喂土霉素5～6天。

④体表溃烂病。该病由气单胞菌引起,病鱼体表和鳃部会分泌大量黏液,严重时可形成白膜;体色发黑或变灰白,体表病灶部位和鳍条充血,严重时出现溃疡和脱鳞;有的病鱼眼球凸出或混浊发白。鱼体因受伤、冻伤等应激原刺激后感染致病菌均可继发此病。

防治方法：内服外用相结合。每100千克鱼体每天用20克恩诺沙星拌饵投喂，连续投喂3～5天；病重时每隔15～20天重复防治1次。同时外用含氯消毒剂全池泼洒，严重时隔天再用1次。为了让池塘内全部的鱼都能够摄食到药饵，喂药前停食1天，喂药时药饵的日投饲率应减少20％～30％。

第八章　长丝鲈的养殖技术

长丝鲈(*Osphronemus gouramy*),鲈形目,攀鲈亚目,攀鲈科,丝足鱼属。原产于印度尼西亚,当地人俗称固拉密和淡水巨鲷,当地华人称之为舢板鱼、三板鱼和巨型丝足鱼。该鱼蛋白质成分丰富,营养价值高,且肉质细嫩,味道鲜美,生长速度快,群体产量高,当年苗种经8个月饲养可达800～1 000克,最大个体可达20千克,深受养殖者和消费者喜爱,是东南亚的主要经济鱼类之一,也是主要的养殖鱼类。在越南等地素有"财神鱼"之美誉。

长丝鲈属热带鱼类,对水温的要求很严,其适宜水温为22～32℃,最适水温24～30℃,随着水温的下降生长愈缓慢,当水温降至16℃时,停止进食,水温在12℃以下,则会冻伤乃至死亡。由于长丝鲈的生活习性及对生态环境的要求与我国南方的气候相吻合,且饲料来源甚广,已在我国南方推广养殖。

一、苗种放养

尽管长丝鲈对水中的溶氧要求不高，但在养殖中，必须保证合理的密度，适宜的规格，须讲求种苗放养的方法与技巧。

1. 塘口准备

应当选择冷、热水水源充足，无污染，水质肥瘦适中，排灌方便的水面作为养殖池，面积 2～3 亩，水深在 2 米以上，水质要求微碱性，符合无公害养殖要求，透明度在 35 厘米以上。由于该鱼腹鳍为两条较硬的长丝延伸至尾鳍，且鱼体扁而宽，为防止水泥池壁池底擦伤鱼体，故养殖池塘适宜采用土池进行养殖。

放养前，池塘按常规消毒、进水后，每亩施有机肥 150 千克，当池塘水体中出现了大量的轮虫、枝角类、桡足类浮游动物后等待放苗。

2. 放养密度

应根据鱼种规格、质量、饲料来源、池塘生态条件、管理水平以及市场情况等确定放养量，若池塘水源充足，一般每亩可放养 3 厘米左右苗种 5 000～7 000 尾，同时每亩套养鳙鱼 50～80 尾。

3. 放养要求

首先引种要求品种纯正，规格整齐，无病无伤，游动活泼，体质健壮。其次，长丝鲈宜单养，若要混养，宜与滤食性、草食性鱼类混养，不可与杂食性鱼类混养。最后，放苗时要进行鱼体消毒，可用 3%的食盐水浸浴 3～5 分钟或用 15～20 毫克/升的高锰酸钾浸浴 15～20 分钟。同时，注意调温下塘，低温期放苗易感染水霉病。

二、饲养管理

1. 饲料投喂

前期饲料应以动物性饲料为主，中、后期投放全价颗粒饲料，饲料粗蛋白的含量要达到 30%以上，各种营养物质要平衡；投饵率为5%～8%，长丝鲈口径较小，应注意饲料颗粒大小的选择；每半个月检查1次长丝鲈生长情况，及时调整饲料投喂量和方法。

2. 水质调节

长丝鲈喜欢生活在安静的水域，并惯于上下活动，所以长丝鲈养殖水体要适当深一些，且不宜频繁或大量换水。但随着鱼体的增长和投饵量的增加，鱼类排泄物及残饵沉积常引起池塘水质恶化，应定期使用有益微生物制剂改善水质，必须换水时，换水量不宜超过池水的20%，且注意温差不宜超过2℃。长丝鲈生长的池塘，水面不宜有水生植物覆盖。长丝鲈养殖水质应是微碱性，可定期使用生石灰或发酵畜禽粪便予以调节。

3. 病害防治

水霉病、锚头鳋病、白点病、鳃病、车轮虫病、疮疹病是长丝鲈的多发病。长丝鲈病害应以预防为主，一旦病菌侵入，极难治愈。具体的预防方法有：一是保持池水温度在24～30℃，换水时严格注意调好水温，避免温差过大；二是每半个月用25毫克/升生石灰或1毫克/升漂白粉全池泼洒；三是及时调节水质，经常清洗食台，清除残饵污物；四是坚持投喂新鲜饵料，定期在饵料中添加药物防病；五是创造良好环境，保持池中无杂物，生产中谨慎操作，以免操作损伤鱼体诱发病害。在阴雨、闷热或骤冷天气应勤加看管，日夜巡塘，发现问题及时处理。

长丝鲈适于生活在安静的环境中，喜欢在固定的水层作上下游动，所以，在养殖时要适当加大水深，减少日常换水次数，保持充足的光照和溶氧。长丝鲈和宝石鲈都属温水型鱼类，养殖后期应该做好出售或保温越冬准备，避免造成不应有的损失。

第九章　蓝腮太阳鱼的养殖技术

蓝鳃太阳鱼(*Lepomis macrochirus*),隶属于鲈形目,太阳鱼科,太阳鱼属。该鱼原产于北美洲,主要分布于从加拿大的安大略、魁北克省南部至美国大湖水系,南方多个州及墨西哥北部的淡水水域。1987年,由我国湖南、湖北及北京等省、市相继从美国引进此鱼进行试养。此鱼体形优美,色彩艳丽,肉味鲜美,是集观赏、食用和垂钓于一身的优良品种。

该鱼的适温性广,生活范围为1～38℃,最适水温范围为25～33℃,在12℃下能正常摄食生长,低于8℃或高于38℃会停止摄食。该鱼的适应性很强,大小水体均能生长。养殖方法以专塘单一集约化养殖为好。

蓝鳃太阳鱼虽然个体较小,但其肉质极为鲜美,是许多名优鱼所不能相比的。为了解决雌鱼繁殖季节生长缓慢的问题,近年来,美国的鱼类育种专家研究出"性转化"新技术,将孵出不久的雌性稚鱼经过性转化后全变为雄性鱼苗，用这种鱼苗放养，一般经 6～8 个月饲养，体重平均可达 400～500 克/尾，大大提高了蓝鳃太阳鱼养殖的经济效益。由于蓝鳃太阳鱼既是食用鱼，也是观赏鱼，所以既有经济价值又有观赏价值，掌握机遇适时适度发展其养殖，是明智养殖人士又一不可多得的致富机会。

一、生物学特性

1. 形态特征

蓝鳃太阳鱼是一种小型的温水性鱼类，常见的多为 50～100 克/尾，大者达 2 千克/尾左右。体侧扁，略似罗非鱼。体高，头小，尾小，肉质丰厚。外观最引人注意的是鳃盖外缘有一黑色耳状的软膜，这也是太阳鱼科种类的一个共同特征。体色鲜艳，整体上偏蓝绿色，头胸部至腹部呈淡橙红色或淡橙黄色，背部淡青灰色，间有一些淡灰色的纵纹，但不太明显，体侧有 7～10 条暗黄色的条纹。背鳍Ⅸ-Ⅹ-10～12；胸鳍Ⅰ-5；腹鳍Ⅲ-10；臀鳍 11～12；尾鳍 16～18。侧线鳞 42～46。鳃耙数为 10～14。体长约为体高的 2.2 倍，约为头长的 2.7 倍。头长约为吻长的 3.8 倍，约为眼径长的 5.7 倍。胃 V 形，幽门盲囊 5～8 个。消化道长度 13～19 厘米。肥满度为 3.613。

2. 生长

蓝鳃太阳鱼初孵仔鱼体长仅 0.2 厘米，饲养 25～30 天后可达 3 厘米，饲养 6 个月左右体重可达 100～150 克的上市规格。性成熟个体一般在 200 克左右，最大个体可达 1 000 克左右。

3. 食性

此鱼的幼鱼阶段主要摄食轮虫、枝角类、桡足类、小蚯蚓、摇蚊幼虫及蛋黄等；体长 3 厘米以上的个体能摄食芜萍、浮萍、植物茎叶、花生饼、豆饼、鱼粉、小麦粉、小鱼及小虾等。在人工繁殖时，可以投喂人工配合颗粒饲料或绞碎的冰鲜鱼等，生长效果也较好。

蓝鳃太阳鱼的食性以动物性饵料为主。在人工饲养条件下，投喂人工配合颗粒饲料也完全可满足其生长需要，饲料的蛋白质含量在32%～36%便可。

4. 繁殖习性

蓝鳃太阳鱼的卵为黏性，一年可多次产卵，卵分批成熟，分批产出；每年的3～9月份均可进行人工繁殖，4～6月份是其繁殖盛期。繁殖水温为18～30℃，最适水温为22～26℃；一般一尾15厘米长的雌鱼可产卵12 000～65 000粒。繁殖季节的蓝鳃太阳鱼雄鱼体色显得特别光彩夺目，十分美丽。由于该鱼的繁殖期较长，故从春季至冬初都有大量的种苗可供生产放种之用。

二、人工繁殖

1. 亲鱼选择与培育

挑选2龄以上、性成熟好、个体大、体质健壮、无病无伤、体色鲜艳的成鱼，用来培育作亲鱼。亲鱼培育池面积为2亩，水深1.5米，池底平坦，池边有一定的自然坡度，水质清新，水源方便，环境开阔，光照条件好。亩放养800～1 000尾。亲鱼培育期间，水温达18℃以上时，鱼塘每周注水3次。催产前15天，每天注水1次，每次注水2小时，刺激亲鱼的性腺发育。培育期间饲料以优质冰鲜鱼为主。

2. 人工催产

催产前，先在催产池底布置人工鱼巢，催产池上部铺遮阳网。然后成熟亲鱼按1∶1的雌雄比例注射催产剂后放入催产池。催产采用二次注射法。第一次注射，雌鱼每千克注射绒毛膜促性腺激素500国际单位和鲤脑垂体1毫克，雄鱼剂量减半。24小时后，进行第二次注射，雌鱼每千克注射绒毛膜促性腺激素1 000国际单位和鲤脑垂体2毫克，雄鱼剂量减半。第二次注射催产激素28小时后，亲鱼开始产卵受精。经6天产卵结束，所产卵均匀分布于网布上。

3.人工孵化

将粘满卵的网布由产卵池移到孵化池，两池水温差不超过2℃，让网布半浮沉于水中，孵化期间应保持微流水，必要时开动增氧机充气，保持溶氧达到4毫克/升以上。水温在22～30℃时，经36～50小时鱼苗出膜。1天后，将网布移开并保持微流水。可以开展夏花培育。苗种培育方法同宝石鲈。

三、养殖技术

蓝鳃太阳鱼刚孵出的幼苗饵料主要是浮游生物，随着个体的增长，达到2.5厘米时可辅投人工饲料，人工配合饲料蛋白含量必须32%以上。由于蓝鳃太阳鱼个性温驯，摄食时抢得不凶，较斯文，而且摄食量小，所以在大面积的鱼塘里进行驯化配合饲料比较困难，应该是在繁殖池里培育到体长2.5厘米以上时，再把它转入其他面积较小的水泥池或土池来进行驯化配合饲料。

蓝鳃太阳鱼是中上层鱼类，驯化时对沉落水底的饲料不会摄食，所以投配合饲料时必须做到少量多次，因其口径小，配合饲料应该为粉状或微粒状。驯化时全池泼洒，然后再补充浮游动物。随着驯化的进行，逐步增加配合饲料量而逐渐减少浮游动物量，最后完全驯化成摄食配合饲料，鱼苗达到3～4厘米即可放下鱼塘养成。

养殖池塘面积大小不限，但以3～10亩为好，水深1.5米，要水源充足，排灌方便。鱼苗下塘前10天要用茶粕等药物清塘消毒，用茶粕清塘有两个好处：第一可以彻底杀灭野杂鱼虾；第二茶粕具有很好的肥水作用。清塘后至鱼苗下塘时，塘水已经有丰富的浮游生物，对鱼苗下塘后的成活率起到重要的作用。

养成鱼最好是单养搭配少量鲢鱼、鳙鱼，因为蓝鳃太阳鱼个体较小，摄食能力较差，所以一般不能与其他个体较大抢食较快的鱼类混养。每亩鱼塘可放养 4 厘米左右的鱼苗 3 000 尾。

鱼苗下塘后，每日投饲量为鱼体重的 10%，每日分 4 次投饲，并且每次投料都要较大面积泼洒，然后根据鱼苗的摄食情况再确定是否逐渐缩小投饲范围，鱼苗下塘之后经过一段时间的大面积投喂，可缩小至一个范围投料，以提高饲料的利用率。随着鱼苗个体的长大，日投饲量逐渐改为鱼体重的 4%，此时每天投料可改为 2 次。当水温降到 10℃时，根据鱼的摄食情况来确定投料量。

当池塘水需要换水时，进水口必须用网过滤，以防其他较大型的野杂鱼混入池塘，残杀个体较小的太阳鱼。蓝鳃太阳鱼抗病能力强，但如果水质长期处于恶化的状态下，仍会影响其生长，使其抵抗力降低。

蓝鳃太阳鱼生长速度较慢，但其个体达到 80～100 克/尾时即可上市，池塘经 6 个月的养殖可达到 100～150 克/尾。在养殖过程中，雄鱼比雌鱼生长速度较快，个体亦较大。

每天坚持早晚巡塘，及时调节水质，注意观察鱼的活动情况。夏季高温季节要注意鱼的浮头，当发现水体溶氧不足时，要及时开动增氧机增氧。

第十章　攀鲈的养殖技术

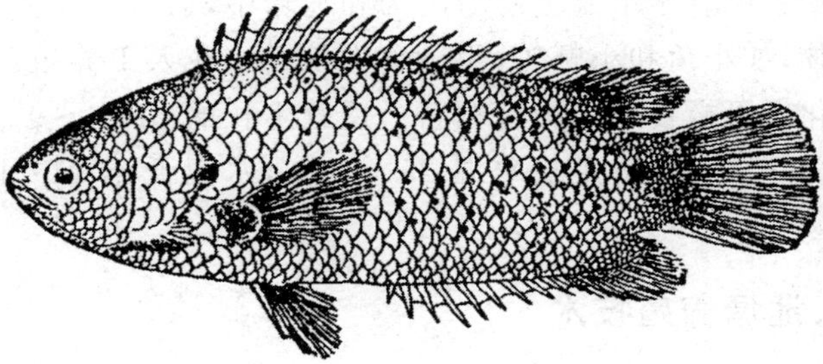

攀鲈[*Anabas testudineus* (Bloch)],隶属于鲈科、攀鲈属。主要分布于我国的南方,为热带、亚热带淡水经济鱼类,经人工驯化后可以进行多种方式的人工养殖生产,有极高的经济价值。这种鱼在我国云南省的澜沧江边以及菲律宾、缅甸等地均有发现。

一、生物学特性

1. 形态特征

体卵圆形,侧扁。头圆钝,吻短,眼略大。眶前骨被以皮肤,下缘有锯齿。口端位,口裂略斜,后端达眼中部的下方。颌齿细小。鳃盖各骨均有锯齿,鳃盖骨与下鳃盖骨后缘的呈棘状。鳃盖膜愈合,不连于颊部。头体均被鳞,体部为略大的栉鳞;背鳍与臀鳍均有鳞鞘。侧线在体后部断折,上下二线或有重叠。背鳍与臀鳍均长,尾柄很短而高。尾鳍圆形。体灰绿色。体侧约有10条深绿色横条纹,条纹或断裂为斑点。鳃盖后缘在二强棘之间的凹处有一黑斑。尾鳍基底另有一暗大黑斑。攀鲈栖息于静止、水流缓慢、淤泥多的水体。当水体干涸或环境不适时,常依靠摆动鳃盖、胸鳍、翻身等办法爬越堤岸、坡地,移居新的水域,或者潜伏于淤泥中。攀鲈的鳃上器非常发达,能呼吸空气,故离水较长时间而不死,当水体缺氧、离水、或在稍湿润的土壤中可以生活较长时间。

2. 生活习性

攀鲈喜栖息于水流缓慢的河沟和池塘中,幼鱼主要摄食微型水生动物,如小鱼和小虾等,为杂食性鱼类。在人工养殖条件下,经过驯化后可摄食人工配合饲料。适宜生长的 pH 6～9,水温范围为 18～35℃,最适生长水温 25～30℃,水温低于 15℃时停止摄食。

二、池塘养殖技术

1. 池塘条件

养成用池塘面积大小不限,但以 5～20 亩大小为宜;水深 1.5～1.8 米,过深的池水在攀鲈露出水面呼吸时消耗的鱼体能量大而影响生长;池底留淤泥 20～30 厘米,底质最好为沙质土壤,不渗水;水源充足,水质良好,附近无污染源,排灌方便,进、排水系统分别设置。在池埂建 30～40 厘米高防逃设施。

2. 饵料生物培养

池塘在使用前要严格清塘消毒。每亩投放 150 千克发酵有机肥,用以繁殖饵料生物。待轮虫、枝角类和桡足类等浮游动物性饵料达到高峰时,及时投放鱼种,以后随着鱼体的长大和水位的升高,要适时、适量追加有机肥。

3. 苗种放养

鱼苗放养密度一般为 5 000～7 000 尾/亩;攀鲈适宜单养或与滤食性、草食性的种类混养,不宜与杂食性和肉食性的种类混养。鱼苗可以是当年繁殖的,入池前先在育苗池经标粗培育至 3 厘米时再开始成鱼养殖。

4.饲料及投喂

攀鲈的商品鱼养殖，初期驯化是关键。饲养前期应以动物性饵料为主，占总投喂量的50%左右；中、后期要加大全价配合颗粒饲料的投喂，而减少动物性饲料的投喂，并最终完全投喂人工配合颗粒饲料，饲料的蛋白质含量要达到30%以上，营养平衡而全面，且动物性成分要保证。投饵率3%～5%，按“四定”原则分早、晚2次投喂。每15～20天抽样测量鱼体生长情况1次，并结合测量情况调整投饵量。

5.水质管理

在饲养过程中要注意水质的调节。随着鱼体的生长，投饵量的增加，应根据天气及水质情况及时更换新水，每次换水量要超过池塘总水量的30%，整个饲养过程中，要保持水体的pH在6.5～8，氨氮浓度低于0.5毫克/升，溶氧在3毫克/升以上。在高密度饲养后期，池塘每天都要注入新水，防止水质恶化。

病害防治工作也是饲养期间的重要工作，重点是要注意防治烂腮病、烂尾病、赤皮病、出血病和肠炎病等。

第十一章　大眼鰤鲈的养殖技术

大眼鰤鲈(*Stizostetion vitreum* Mitchill),又名邮良鲈,鲈形目,鲈科,鰤鲈属鱼类,原产于北美洲东部,是美国和加拿大等国的重要游钓鱼类和经济鱼类。在加拿大,其产量占淡水鱼中的第二位,产值与效益居首位。此鱼在美国和加拿大已有100多年的养殖历史。近年来,加拿大政府成立了多个苗种繁殖站,进行大规模的人工繁殖、苗种生产和人工放流,目的是补充天然资源,扩大游钓渔业。

1993年和1994年,黑龙江省哈尔滨市水产研究所先后两次开展引种试验,结果证明,大眼鰤鲈适应我国北方气候条件,生长良好,是一种有发展前景的新品种。

一、生物学特性

1. 形态特征

大眼鰤鲈体细长,呈梭形,被细鳞;全身呈青黄色,有黑色条纹,腹部浅黄色;眼大,眼径占头长的16.1%～26.7%;因其在阳光下呈白色，故又称之为白眼鲈；口端位，口裂较大；尾鳍正尾型，分叉较深；背鳍2个，第一背鳍为硬棘，第二背鳍软条。

2. 食性

大眼鰤鲈为肉食性鱼类，3～5厘米的幼鱼以浮游动物为食，5厘米以上的个体可食浮游动物、摇蚊幼虫、水生昆虫、小鱼、小虾、蛙类及蛾蚁、水蛙，甚至老鼠。在饵料不足的情况下会相互残食，以大吃小。

3. 适应性

大眼鰤鲈的适应性较强，对环境的要求不很高。其生存的温度范围为0～30℃，生长最佳水温为20～23℃，一般不在27℃以上的水体中生活，喜欢生活于介于温水鱼与冷水鱼之间的温度。此鱼比较适应较低的透明度，适宜的透明度范围为10～20厘米。喜在浮游植物浓度较高或混浊的水体中生活，也喜欢在色度较深的沼泽中生活。喜栖息于沙、卵石或岩石的混合地带。大眼鰤鲈对溶氧需要量在4毫克/升以上，室内试验的半致死浓度为2毫克/升，全致死浓度为0.26毫克/升。对pH的适应范围为6～9。

4. 繁殖习性

在自然条件下，在春天水温回升时，大眼鰤鲈离开越冬场向产卵场洄游。产卵场多为水库、湖泊的迎风浅滩处，生活于河流中的群体则选择水流较稳的地段作为产卵场。产卵的水温因地区所处的纬度而异，最北部的群体可在4.5～7.5℃的水温下产卵，而生活于南部的群体则多产卵于12.5～15.5℃的水温条件下。大眼鰤鲈的性成熟年龄为：雌性5～6龄，雄性4～5龄；人工养殖的个体3龄已达性成熟。

二、人工养殖

1. 人工繁殖

人工繁殖用亲鱼应选择雌性个体5～6龄，体重1 000克以上；雄性个体 4～5 龄，体重 750 克以上。人工繁殖的方法是人工采卵受精，受精卵经脱黏后在 11～17℃水温条件下孵化，一般经 15～20 天即可出苗。

2. 夏花鱼种的培育

培育池可采用一般养鱼池塘，面积最好为 3～10 亩，水深 1 米左右。在鱼苗下塘前 10 天，用生石灰清塘，然后每亩施基肥200～250 千克培育浮游生物，鱼苗下塘后视浮游动物量的多少适当追肥或泼洒豆浆，确保浮游动物量在 30 毫克/升以上，保证鱼苗有充足的饵料。同时还应做好水质调节工作，使水体溶解氧保持在 2 毫克/升以上。

放养密度为每亩 1 万～1.5 万尾，一般经 35～40 天的培育，可长到 5 厘米左右。

3. 秋片鱼种的培育

这一阶段的培育工作可用常规养鱼池塘，既可以单养，也可套养。套养一般每亩水面放养 5 厘米左右的夏花鱼种 100～150 尾，不必单独投饵。单养时，可亩放规格为 5 厘米左右的夏花鱼种 1 000 尾左右，投喂饲料以小杂鱼为主。

4. 成鱼养殖

与河鲈的成鱼养殖技术相似，请参照河鲈章节。

第十二章　澳洲银鲈的养殖技术

澳洲银鲈(*Bidyanus bidyanus*)，俗名甘旨鱼、银鲈，属鲈形目、条纹鱼科。原产于澳大利亚，是澳大利亚久负盛名的淡水鱼，被认为是最好的垂钓和食用鱼。银鲈体内脂肪丰富，肉质细滑丰腴，肥而不腻；鱼肉爽口，胶汁丰富、无细刺，食之口感极其甘甜、香醇，该鱼耐冻存，适合做生鱼片、炭烤、清蒸等。是老少咸宜之健康食品。是当今人们崇尚的保健美容食品。在澳大利亚、日本、韩国、中国香港、东南亚以及欧盟等地非常受欢迎。

银鲈鱼含肉率52%以上，含蛋白质18.9%以上，对人体有益的氨基酸含8种，氨基酸含量达61.56%。银鲈出油率高，富含高度不饱和脂肪酸，被称之为脑黄金的“DHA”和防止动脉硬化的“EPA”含量大大地超过真鲷、黑鲷、黄鱼等名贵鱼类，营养非常丰富。

澳洲银鲈性情温和、不相互残食。该鱼环境适应性强，广温广盐，易驯化，生长速度较快，养成率高、饲料换肉系数高。在适宜的水温条件下，其生长速度可达800克/12个月。该鱼还具有集群抢食的特点，可进行池塘养殖，也可以工厂化、网箱高密度养殖，养殖推广范围广泛。

一、生物学特性

1. 形态特征

体呈梭形，体色银灰色且有光泽。鳞片细小。幼鱼阶段体形修长，随着鱼体的长大，躯干宽度逐渐增加。前鳃盖骨有片状的细突刺，第二鳃盖骨的后端有 2 个突起的刺。背鳍有硬棘 12 条，其末端尖锐。胸鳍及腹鳍各有 1 对硬棘，臀鳍有 3 条硬棘，尾鳍内凹，上下末梢呈圆弧形。头及嘴较小，齿细。

2. 食性特点

为杂食性，但偏肉食性，以小鱼、小虾、水生昆虫和软体动物为食，也摄食一些藻类。在人工养殖条件下，能完全摄食人工配合饲料。全长 27.6 厘米、体重 384.5 克的个体其肠的长度为全长的 1.2 倍。

3. 生活习性

性情温顺，为广温广盐性种类。生存水温范围为 2～38℃，在池塘养殖时，水温高于 33℃或低于 16℃时，其摄食强度会有所下降，且易感染疾病；最适生长温度为 22～28℃。此鱼不仅能在淡水中生活，也可以在盐度为 20‰以内的海水中生活；要求生活水域的溶氧水平在 3 毫克/升以上；鱼苗阶段对溶氧的要求较高，在 6 毫克/升以上。

4. 生长特点

生长速度中等，在人工养殖条件下，亩放养规格为体长 3 厘米的苗种 2 000 尾时，经 9 个月的饲养，平均个体重为 300 克，养至体重为 500～600 克时所需时间为 12～18 个月。雌鱼的生长速度较雄鱼要快一些。

5. 繁殖习性

在澳大利亚的天然栖息地的繁殖季节为春、夏季，当水温上升至 24℃，又下大雨，河水水位上涨时，就会刺激其自行产卵繁殖；所以，水温、水的流速、水深和水的混浊度等因子的变化是促使其性腺发育和刺激其产卵繁殖的主要因素。产卵量因个体大小而异，体重在 700～900 克的雌性个体产卵量在 5 万～8 万粒。性成熟年龄一般为 3～4 龄。

冬季会在体内积累大量的脂肪，当春天来临时，便利用体内积累的养分来促使性腺发育，约到 4 个月，性腺一般会发育到第四期。一般情况下，雄鱼会较雌鱼早熟 1 个月左右；卵巢的发育可以一直持续到 6 个月，之后便会逐渐退化。

二、人工繁殖

1. 亲鱼选择与培育

用于繁殖的亲鱼雌性体重应在 700 克以上，雄性应在 500 克以上，年龄为 3～4 龄。银鲈没有明显的副性征，未成熟前雌、雄很难鉴别。成熟的个体有所差异：一般雄鱼个体稍大，体形略显细长，用手轻压腹部有精液从生殖孔中流出；雌鱼体形呈圆筒状，略显粗短，繁殖期腹部膨胀明显而柔软，卵巢轮廓明显，生殖孔也充血，微扩张。亲鱼培育的好坏是人工繁殖的关键，因此，要加强亲鱼的产前培育工作。

①加强精饲料的投喂，以鳗鱼饲料和鱼粉、水蚯蚓为主，保证质量好和数量充足；

②保证水体溶氧水平高，溶氧量在 6 毫克/升以上，通常每周换水 1 次，特殊情况下视水质情况及时换水；

③保持环境的安静，因为此鱼易受惊，受惊后会产生应激反应，影响性腺的发育。

2. 人工催产

一般在 5 月上、中旬产卵繁殖季节来临时进行。

①催产准备。先将亲鱼的培育池水位降低，再拉网（捕捞时应防止亲鱼产生应激反应）选择体表无损伤、体质健壮的成熟个体进行催产。对于雄鱼成熟度检查时，要切记不要用力挤压鱼的腹部，防止精液被挤出后不能进行交配和受精。准备好催产池。

②催产药物与剂量。可用鲤鱼脑垂体（PG）和促黄体素释放激素类似物激素（$LRH\text{-}A_2$）和绒毛膜促性腺激素（HCG）。注射剂量视亲鱼的成熟度不同而掌握，一般单一注射 HCG 时，以 200 国际单位/千克鱼体重为宜，也可以单一注射 5 毫克/千克鱼体重的 PG，按每千克鱼体重 1 毫升蒸馏水的用量加以稀释后注射。在成熟度较差时，可采取三种药物混合使用，二次注射法催产。在亲鱼成熟度较好时，可以单用一种催产药物，并且一次性注射。饲养期间要加强管理，经常检查亲鱼的发情与交配状况以及水温、溶氧量等，一般催产后的效应时间为 29～31 小时。

③受精卵收集。经注射催产剂的亲鱼放于家鱼产卵池，微流水，让其自行产卵自然受精；也可以以人工授精的方法获得受精卵：当发现亲鱼已发情，雌、雄鱼相互追逐时，可立即采取人工挤卵的方式进行人工授精。将受精卵收集起来进行人工孵化。

3. 受精卵孵化

受精卵为乳白色，卵径为 1.35～1.5 毫米，透明，半浮性，在充气条件下呈浮性。在水温为 25℃左右时，约 30 小时孵出仔鱼。亲鱼产卵后，立即将卵收集计数后放于孵化环道或孵化桶等家鱼孵化设施流水孵化。环道除流水外还应充气增氧，以提高溶解氧。产卵后 12 小时计算受精率。日常管理方法与家鱼孵化相同。

三、苗种培育

1. 夏花培育

刚孵化的仔鱼全长 3.5 毫米左右，卵黄囊较大，仔鱼体呈透明状，在没有充气的条件下会沉于水底，偶尔将头部上伸，游至水面附近再停止，然后头再向下沉至水底。在水温 25℃左右时，孵化后3天即可平行游动；第四天即可开口摄食。此鱼的仔鱼主要摄食浮游动物，可及时投喂轮虫，或将煮熟的蛋黄用100目的网片过滤后投喂，并在培育水中加入绿藻水，以稳定水质。同时，要注意充气，保持水体的溶氧在6毫克/升以上。仔鱼能平游后可移入较大的池塘内培育，也可在原池内培育；所投喂的饵料以豆浆、鱼粉和鳗鱼饲料等为主。当鱼苗长到全长3厘米以上时即可用于养成，也可进行鱼种培育。

2.鱼种培育

池塘面积大小以1～3亩为宜，水深1米。培育期间可以不换水，但必须开动增氧机增氧。一般亩放养体长3～5厘米的鱼苗5 000尾左右，并于放养前用1%的食盐水浸泡1小时左右。鱼苗下塘后开始进行人工配合饲料的驯食，投喂方法是全池撒投；2周后即可完全投喂人工配合颗粒饲料。起始时投喂的饲料颗粒直径约2毫米。人工配合饲料的蛋白质含量为35%以上，日投喂量为鱼体重的3%～5%。鱼苗基本是在接近水面的水层摄食。一般经过约12周的培育，鱼苗可由体长3厘米长至7～8厘米，体重7～8克，成活率可达90%以上，如果亩放养量为1 500尾左右时，鱼体长可长至10厘米，体重约15克，成活率更高。

四、成鱼养殖

1.池塘要求

池塘不宜过大，面积以3～5亩为好，水深1.5～2米，需池底平坦，淤泥厚10～15厘米，水源充足，水质良好，进水、排水方便，配备增氧机。放养前15天排干池水，清除过多的淤泥和杂草，每亩用生石灰150千克全池泼洒消毒。消毒7天后用60目筛绢网过滤注水深1米左右，每亩施发酵后的粪肥200千克，培育天然饵料生物。

2. 鱼种施养

银鲈体长达5厘米以上便可放入成鱼池养殖，鱼种要求体质健壮、无伤无病、规格整齐。一般每亩水面放银鲈鱼种1 000～2 000尾，可搭配鲢、鳙鱼种80尾左右。放养时用10毫克/升高锰酸钾溶液浸洗鱼体消毒杀菌5分钟左右。

3. 饲料投喂

银鲈为杂食性鱼类，主要以甲壳类、软体动物、水生昆虫和藻类为食，人工养殖经驯化可摄食配合饲料。驯饵应在鱼体长3厘米左右时进行。体重10～100克的鱼种阶段粗蛋白质的含量为32%，体重100克以上的成鱼阶段粗蛋白质含量为30%，可选用粗蛋白质含量相近的鲈鱼或其他膨化颗粒饲料。投饲要坚持"四定"原则，每天投喂二三次。日投喂量：尾重100克以内为池鱼总体重的6%～8%，尾重100～300克为2%～3%，尾重300克以上为1%～2%，具体根据天气、水温、水质及鱼摄食情况等合理调整，一般每次投喂量以鱼吃饱为准。

4. 日常管理

鱼种下塘后每隔10天左右加注1次新水，每次注水深10～15厘米，进入高温季节池水加深到最高水位，并每周换水一、二次，每次换池水20～30厘米深。每隔20天用生石灰20毫克/升全池泼洒1次，保持清新水质。坚持早晚巡塘，观察鱼摄食、活动、生长及天气、水质变化等情况，发现鱼浮头应及时开增氧机增氧。澳洲银鲈抗病力较一般鱼类强，但日常的预防工作亦须定时进行。春、夏两季是寄生虫类盛行季节，尤以锚头蚤较为常见，秋、冬两季则是细菌性疾病流行季节，应定期对症药物预防。

澳洲银鲈经过6个月的饲养，体重一般可达200克以上。体重10克左右的鱼种，经10～12个月饲养，一般尾重可达500克。

第十三章　尖吻鲈的养殖技术

尖吻鲈，俗称盲鳢，具有适应能力强、食量大、生长快、病害少，肉质鲜美、营养价值高等优点，是东南亚地区主要的经济鱼类。由于尖吻鲈由 3～5 厘米鱼苗养至 400～500 克上市规格只需 4 个月左右，而且适应范围广，在淡水咸淡水都能养殖，市场售价高，需求量大，被东南亚各国和中国台湾、香港作为池塘、网箱养殖的主要对象，是淡水、咸淡水养殖的名贵经济鱼类之一。

一、生活习性

尖吻鲈为热带海产鱼类，有降海洄游习性。幼鱼生活在咸淡水中，稚鱼可生活于河流中，属广盐性鱼类。生长适温 25～30℃，10℃以下不能存活。尖吻鲈属肉食性鱼类，2 厘米以下的鱼苗以浮游动物和浮游植物为食，成鱼捕食鱼类和甲壳类。生长速度快。捕获到最大个体全长 200 厘米，体重达 60 千克。在理想的池塘养殖条件下 1 年可达 1.5～3 千克。

二、人工繁殖

1. 亲鱼强化培育

放养密度为每 3～5 米^2 放养 1 尾。雌雄分养。水温在20～32℃。盐度 30‰～33‰。饵料主要以小杂鱼为主，并辅以少量维生素 E。亲鱼越冬前和越冬期间应供给足量的饲料，而开春后的强化培育则适当地减少投喂量，定期大量换水，可助亲鱼的性腺发育。

2. 催产

催产用激素为促黄体素释放激素类似物（$LRH\text{-}A_2$）和多巴胺（DOM）。雌鱼分两次注射，第一次注射 $LRH\text{-}A_2$ 35～40 微克/千克＋DOM 2 微克/千克；20～24 小时后作第二次注射，剂量为 $LRH\text{-}A_2$ 90～100 微克/千克＋DOM 2.5 微克/千克。雄鱼只作一次注射，在雌鱼第二次注射时同时注射，剂量为 $LRH\text{-}A_2$ 35～40 微克/千克＋DOM 2 微克/千克。注射后配对放入产卵池，待其自然产卵受精。产卵池应满足盐度 20‰～33‰、水温 27～33℃。效应时间与水温及亲鱼的成熟度有关。30～32.5℃时效应时间为注射第二针后的 9 小时；26～27℃时为 13 小时；27～30℃只需 8 小时。由于尖吻鲈的自然产卵习性与月亮周期有密切关系，因此人工催产时通常控制在大潮期间产卵。

3. 孵化

受精卵卵径为 0.68～0.77 毫米，内有一直径约 0.25 毫米的油球。卵膜吸水膨胀不明显。尖吻鲈卵孵化的适宜盐度为10‰～30‰。约 15 小时后仔鱼孵化出膜。因油球位于卵黄囊的前端，所以仔鱼头部向上，呈斜吊状。此时应及时将仔鱼收集到培苗池培育，轻微充气。每天吸污和换水。

三、苗种培育

尖吻鲈的培苗用水需经过滤。鱼苗对盐度的适应能力较强，可承受较剧烈的盐度变化，培育的盐度10‰～28‰。1厘米以上的鱼苗可在淡水中培育。刚孵出第1、2天的仔鱼依靠自身的卵黄囊供给营养，孵化后2～12天的仔鱼投喂轮虫和小球藻或扁藻，第8天的仔鱼开始摄食部分的丰年虫无节幼体，第12天后可单独供给丰年虫无节幼体。当仔鱼长至1.2～1.5厘米，可投喂鱼糜。尖吻鲈的自相残杀相当严重，因此鱼苗培育过程需及时分级。通常第一次分级在第12～15天，以后每隔5天左右分级一次。

尖吻鲈种苗中间淡化培育是尖吻鲈淡水养殖的关键技术，其淡化技术和花鲈相似，请参照花鲈淡化驯化技术。

四、成鱼养殖

经淡化100％纯淡水全部食鱼浆的3厘米以上的尖吻鲈经过4个月左右的精心饲养，大部分个体可达400～500克的上市规格。

1.养殖条件

①鱼塘条件及配套设施。尖吻鲈喜欢在水质清新、溶氧丰富的水中生活，并有一定的集群习性，因此养殖池塘应靠近水源，水质较好，进、排水方便，配备增氧设备，面积最好不超过10亩，水深1.5～2米，淤泥较少，同时要求交通便利，放养前一个月要进行池塘清整，彻底清塘（清塘方法同常规鱼养殖）。放苗种前10天，进水至70～100厘米，进口处加装密网过滤，防止其他凶猛鱼类进入，并每亩施粗盐150千克，使池塘带有一定的“咸底”，这是纯淡水养殖尖吻鲈成功的关键。

②网箱及设置。网箱设置在水库及江河水深2米以上，透明度在30厘米以上，溶氧4毫克/升，pH值中性或略偏碱性，有微

淡水的地方，最好网箱面积 24 米^2/只，固定式网目在 1 厘米以上。

2. 放养密度

尖吻鲈专养在池塘和网箱中进行，放养密度池塘专养亩放 800～1 000 尾，为了改善水质，充分利用残饵，可以每亩套养规格 250 克的鳙鱼 40 尾，50 克的鲫鱼 100 尾，鱼苗下塘前，最好在原塘围 200～300 米^2 围网养 7～10 天才撤去围网转入池塘养殖。网箱养殖每平方米 25 尾，有微流水的地方网箱每平方米可放30～40 尾。

3. 饲料及投喂

尖吻鲈为动物性饲料为主的肉食性鱼类，人工养殖时以冰鲜杂鱼及高能膨化饲料为首选饲料。投喂方法如下：

①刚下塘的鱼苗，饲料要选择肉多、骨少的小杂鱼，用绞肉机绞成肉浆去骨后加少量鳗鱼饲料配成混合饲料，日投喂 3 次，投喂量为鱼种体重的 50%，以后逐渐下降到 20%。开头投喂的 3 天，最好每 50 千克饲料加放痢达灵 5 克、土霉素 4 克便于防病。

②10 天后鱼种逐渐长大，投饲要做到“四定”，驯食时先击板或桶等发出响声，后投料，投喂时先慢后快，少量勤投，以求饲料入水面漂浮时即为鱼所吞食。

③当鱼苗长到 15 厘米左右即可切适口鱼块投喂，投喂冰鲜鱼，一般占鱼体重的 12%，以后逐渐降至 8%～10%。投喂高能膨化饲料，投喂量控制在鱼体重的 8%～10%，并且每隔 8～10 天应调节一次投喂量。要做到变质饲料不投，鱼缺氧时不投，阴雨天少投，鱼停止抢食时不投，鱼生长快时多投，直到上市，不能中断投料。

4. 日常管理

尖吻鲈养殖要求水质清爽，溶氧量要高，透明度在 30 厘米以上，所以要坚持勤换水，特别是在盛夏季节，整个养殖期需用生石灰消毒 2～3 次，在改良水质的同时保持微碱性，坚持早、晚巡塘，网箱养殖要经常检查清洗网箱，防止网眼堵塞造成缺氧。随着鱼体的长大，应更换大网目的网箱，整个养成期都应认真做好记录，及时总结。

5. 鱼病防治

防重于治，以防为主。常见病有水霉病、肠炎病及车轮虫指环虫等寄生虫病，防治方法和其他鲈鱼相同。

五、捕捞收获和经济效益

尖吻鲈上网率较高，达到 400 克以上的商品规格的可拉网捕捞，一般从 9 月中旬就可开始捕大留小，争取在 11 月份全部上市，这样可得到最好效益，最大限度避免养殖风险。但第一次拉网捕捞，为了防止拉网出现鱼抽筋造成大量死亡的事故，应在拉网前 2～3 天将池塘水抽下 30 厘米，再加水灌满，这样连续两次即可防止。网箱捕捞没有发现鱼抽筋的情况。

经过 4 个月左右的精心养殖，池塘平均亩产可达 350 千克以上，成活率在 90%以上，平均规格 450 克，食冰鲜下杂鱼饲料系数 4.2，食高能膨化饲料 1.3～1.5，网箱养殖产量 13.5 千克/米^2（最高达 20 千克/米^2）平均规格 450 克以上，成活率 90%以上。

尖吻鲈无论池塘养殖还是网箱养殖，都能获得较好的经济效益，是一条值得推广的可以淡化养殖的海水品种。

第十四章　条纹鲈的养殖技术

条纹鲈(striped bass)，又称银花鱼，属鲈形目，鲈科，是一种大型的经济鱼类，原产于美国。该鱼体色鲜艳，无肌间刺，肉质嫩滑，营养丰富，富含不饱和脂肪酸，食用价值较高。

该品种个体大，生长速度快，抗病力强，广温性，广盐性，易捕捞，食性杂；易饲养，当年可养成；一般夏花苗种经 1 个月左右强化培育可达 8～9 厘米，放入池塘进行成鱼养殖，经 180 天左右养成，每尾平均重达 400 克，成活率 80%，亩产可达 1 000 千克以上，具有较高的养殖经济效益。

一、生物学特性

1. 形态特征

鱼体呈银灰色，个体大，体背肉厚，体侧有 7～8 条平行的深色条纹，在背上部的条纹不中断，近腹部的条纹多中断，并呈链条状。

2. 生活习性

条纹鲈适温范围广，为 2～36℃，最佳生长水温 20～29℃。能耐低氧，pH值耐受范围为7～10，广盐性，在淡水或半咸水条件下均可养殖。

3.食性

杂食性，偏动物性饵料，经驯化后，喜欢摄食人工配合饲料。饲料粗蛋白质含量不应少于38%，以38%～44%的范围为理想，可以使用鲈科鱼类颗粒配合饲料。日投饲量按鱼体重占3%～5%。

4.生长

生长速度较快，条纹鲈的个体在美国江河捕到的最大可达50千克，但多数见到的是1～3千克。当年春季3厘米/尾的鱼在经6～8个月饲养，每尾体重平均可达0.5～1千克的商品鱼规格。

5.繁殖习性

繁殖水温为15～20℃。除个别雄性个体1龄性成熟外，大部分个体为2龄以上性成熟。性成熟雌性个体的怀卵量为35万粒/千克。在水温18～20℃条件下，受精卵约需2天孵出。

二、人工养殖

条纹鲈的养殖方法基本上与养殖加州鲈鱼相似。

1.池塘要求

池塘面积一般为3～10亩，水深1.5～2.5米，要求灌、排水方便。放养鱼种前7～10天，每亩池塘用生石灰150千克彻底清塘。鱼种培育池，每亩施基肥(牛粪、猪粪、鸡粪均可)200～250千克，用以培育饵料生物。

2.苗种培育与放养

刚出膜的仔鱼个体较小，需经30天的培育，方可长成3～4厘米，培育池以水泥池或沙砾底质池为佳，面积不宜太大，以1～3亩为宜。幼苗期饵料以轮虫、枝角类、桡足类等浮游生物为主，后期辅以人工配合饲料。幼苗期养殖密度为40～50尾/米^2。鱼苗达到夏花规格后，可进行鱼种养殖或直接养殖成鱼。鱼种养殖时每亩放养夏花 5 000～6 000 尾，成鱼养殖时每亩放养夏花 1 000～1 200 尾，放养尾重 50～100 克的大规格鱼种时，则 800～1 000 尾/亩。

3. 饲料及投喂

鱼种培育池可在放养鱼种后数天内不投喂。当浮游动物数量明显减少时，再进行人工饲料投喂，每天投喂 3～4 次。投喂人工饲料时，一边敲饵料桶给信号，一边小把撒饲料，一般经 5～7 天，一敲塑料桶，便可看到鱼苗成群结队前来摄食。可根据鱼的摄食情况掌握投饵量，一般以大部分鱼吃饱游走为度。成鱼池可在鱼放入后即进行人工饲料投喂，投喂方法同鱼种培育池。条纹鲈对饲料中的蛋白质含量要求较高，一般要求饲料中蛋白质含量在40％左右，且饲料组成中，要求鱼粉所占的比例不低于 30％。条纹鲈养成期间的日投饵量为在池鱼体重的 1％～3％。

4. 水质管理

条纹鲈要求水质清新，水体溶氧量较高，所以养殖条纹鲈的池塘要经常换注新水，一般每 15～20 天换注新水 1 次。

条纹鲈抗病能力强，在养殖过程中很少发生鱼病，但条纹鲈耐应激性较差，拉网、转池、售鱼等操作时要小心，并尽量带水作业；水温低于 10℃时尽量不要拉网，否则极易导致水霉病的发生。炎热的夏季也应注重防病工作，其防治方法与其他养殖鱼类相同。该鱼容易养殖，不怕寒冷，产量高，起捕率也高，市场畅销，价格看好。在当前养殖鳗鱼、加州鲈、叉尾鮰等品种养殖经济效益下降，养殖业处于低谷的境况下，是一个值得推广的养殖新品种。

第十五章　杂交条纹鲈的养殖技术

杂交条纹鲈(hybrid striper),是由雌性条纹鲈(striped bass)与雄性白鲈(white bass)杂交的子一代,在美国也称棕榈鲈,具有显著的杂交生长优势:生长速度快,个体大,产量高,抗病力强,肉质鲜美。其体型、体色和肉质在我国现有鲈科养殖品种中较为上乘,我国部分地区从美国或台湾引进种苗进行试养,当年放养5厘米的种苗,年底可长到0.5千克以上,养殖一年可达到1.5～1.8千克。其养殖方法基本上与养殖加州鲈等其他鲈鱼相似。

杂交条纹鲈目前有两种,一种为20世纪60年代中期在美国南加州生产的“原始杂交”种即用条纹鲈的卵与金眼狼鲈的精子人工杂交而得,另一种为雌性的金眼狼鲈鱼与雄性的条纹狼鲈鱼杂交种“阳光鲈”。条纹鲈和杂交条纹鲈为目前美国的主要养殖鱼类之一,主要用于游钓业及餐饮业。杂交条纹鲈因其具有显著的杂交优势:生长速度快、个体大、抗病力强并具有集群摄食习性,易驯化饲养、起捕率高,且肉质白嫩、无肌间刺、营养价值高等特点,目前已成为淡水养殖的优良品种。

一、苗种培育

1. 池塘准备

用生石灰带水清塘,并浸泡1周或更长时间,放苗前若石灰浓度大应抽掉清塘水,加入井水(微咸水或硬水养殖成活率更高)至50～80厘米,施入有机肥或无机肥,以培育足够的浮游动物,鱼苗下塘后浮游动物的丰歉将直接决定其成活率的高低,因此一定要施基肥。新建池塘则需接种一定量的浮游植物和浮游动物以培养所需的浮游生物。一般有机肥在放苗前1周施用，用量为100～300千克/亩（视池塘新旧及底泥多寡而定）；鸡粪肥效快，可在放苗前3～4天施用，用量150千克/亩左右。

2. 放养量及其饵料的投喂

10日龄的鱼苗在长至2厘米前应在水泥池等小水体中避光培育，放养密度为25～50尾/米^2，这一阶段的适宜水温为22～26℃，超过26℃会增大死亡率，溶氧不低于4毫克/升，食物主要为轮虫、原生动物、无节幼体等，轮虫为最佳食物，也可投喂卤虫、蛋黄及熟豆浆等。

当鱼苗长至1.5～2厘米后，即可转入池塘培育，放养密度为10 000～20 000尾/亩，此时天然饵料主要以浮游甲壳类动物如枝角类和桡足类及各种昆虫为食，当鱼苗长至2.5厘米以上即可投喂蛋白质含量为45%的人工粉状颗粒料。

3. 适时追肥

适时追肥可保证鱼苗不断得到充足的天然饵料，也是保证养殖成活率特别是从开口摄食至夏花期间成活率的关键。放养1周后，每周施无机肥2次，连施3周，施用量可根据水色及水质的变化而定，一般每亩2～3千克。

4. 适时驯化投喂

鱼苗2～3厘米后，即可开始投喂人工饵料，以防因天然饵料的不足而互相残食。坚持“四定”（即定点、定时、定质、定量）驯化，因杂交条纹鲈具有集群摄食的生物学特性，且食欲旺盛，故驯化较常规鱼类更容易，一般2、3天即可驯化成功。人工饲料粗蛋白质的含量前期45%～50%，后期40%（可用鲑、鳟鱼饲料），投饵量为鱼体重的5%～8%，每日早、晚各1次。

5. 分级培养

当鱼苗养殖30～45日龄后，要进行拉网锻炼，按鱼苗大小进行分级培育，以免互相残食，并定期使用5‰食盐或福尔马林进行池塘和鱼体消毒，预防疾病。

6. 水质控制

杂交条纹鲈对水质的要求不高，可放养于碱度、硬度和pH值各异的水域环境中，碱度最好能达到100毫克/升，硬度与碱度往往是相关的，对硬度值的适应范围与碱度相似；pH值最适范围为7.0～8.5，但对pH值的忍受范围较广，池塘养殖中当pH值为2.5时，杂交条纹鲈短期内仍能生存；其最适溶氧范围6～12毫克/升，夏花阶段溶氧要求不低于4毫克/升，鱼种至成鱼阶段溶氧不低于3.5毫克/升。高温季节注意鱼类缺氧浮头，保持水质的肥、活、爽。

二、成鱼养殖

1. 池塘准备

按常规方法对鱼池进行清塘、晾晒和消毒，彻底杀灭有害细菌及病原体，选择排、灌水方便、水源充足，最好是井水或无污染的江、河、湖泊等自然水体，池塘面积2～10亩均可，水深2～2.5米，池底淤泥10～15厘米，增氧机1台。

2. 鱼种

采用微咸水(含盐量5毫克/升)运输鱼种，可减少鱼种的疾病及死亡率，鱼种放养前要用3%～5%的食盐水浸泡10～20分钟，以防因机械损伤而感染水霉等病菌。鱼种要规格整齐、健壮、无病无伤，一次放够，下塘前运输鱼种的水体与池水温差不要超过2℃

3. 放养密度

一般于5月份即可放养，10～15厘米鱼种1 500～2 000尾/亩，10厘米以下的鱼种2 500～3 000尾/亩。

4. 投喂

杂交条纹鲈惧怕强光，怕惊，可在鱼池上搭设遮阳网并减少对鱼类的惊吓，故每日早、晚喂2次即可，早和晚应分别在太阳出来前和落山后投喂。投饵量前期占鱼体重的3%～5%，后期1%～3%，随着鱼类个体的增大，投饵比例趋小；有条件的也可向池中投放野杂鱼、家鱼苗等以增加其鲜活饵料的数量，加速其生长。人工颗粒饲料的蛋白质含量应在40%～45%，可用鲑鱼、鳟鱼、鲜鱼或甲鱼饲料等，但由于杂交条纹鲈为终生肉食性鱼类，其消化道内蛋白酶的活性高，淀粉酶的活性低，故不能消化过多的植物性蛋白，虽可用人工配合饲料养殖，但饲料中的植物性蛋白质比例不能高，一般动植物蛋白质比为1∶(0.5～1.5)。

三、病害防治

杂交条纹鲈抗病力强、疾病少，但如果饲养管理不当，也会发生鱼病，造成死亡，常见病害有：

1. 水霉病

该病在浅池塘或鱼体因机械性损伤如拉网等，尤其是水温低于20℃以下时较易发生。

防治方法：

①越冬期间鱼池应加满水，保持1.8～2.5米水深，秋、冬季或开春水温较低，应避免拉网，以减少鱼体受伤。

②病鱼可用食盐浸浴，浓度3%～5%，10～20分钟，连用2～3次，或将病鱼放置于能升温的水箱中，并尽量使用原池水，待温度达到20℃以上菌丝脱落，恢复正常后再放回原池。也可用二氧化氯(A、B合剂)1～2毫克/升并加盐(多少不限)全池泼洒，连用两次，或聚维酮碘夏季0.15～0.2毫克/升，冬季0.5毫克/升遍洒。

2. 赤皮、烂鳃病

该病一般发生在水质败坏、塘水老化、污染严重的盛夏池塘。

防治方法：

①及时换水，保持水体的肥、活、爽。

②可用福尔马林15～20毫克/升全池泼洒；或二溴海因(或溴氯海因)(含量10%～15%)200克/亩，连用两次，治疗效果较好。

3.寄生虫病

该病易发生在幼鱼阶段、水质不良的环境中，可用常规杀虫药物按正常用量使用，如敌百虫、硫酸铜等。

杂交条纹鲈长期生活于微咸水或一定硬度水体中时一般无病，因此养殖杂交条纹鲈的池塘应定期泼洒生石灰水，可半个月或20天1次，浓度10～15毫克/升，既可有效杀灭病菌，又可增加碱度，改良水质。

参考文献

［1］薛镇宇，等．鲈鱼养殖技术．北京：金盾出版社，1999．

［2］陈昌福，徐桂珍．特种水产的节约化养殖．合肥：安徽科学技术出版社，2005．

［3］中国水产科学院．淡水养殖实用全书．北京：中国农业出版社，2004．

［4］白俊杰，李胜杰，邓国成，等．我国加州鲈的养殖现状和养殖技术（上）．科学养鱼，2009(06)：15-16．

［5］张政军．加州鲈的网箱养殖技术．湖南农业，2009(04)：18．

［6］刘堂水．加州鲈养殖常见病害及防控措施．渔业致富指南，2009(06)：47-48．

［7］段圣和．加州鲈主要病害与防治．内陆水产，2009(04)：52-53．

［8］张春丹，李明云，竺俊全，等．鲈鱼养殖技术之二　花鲈人工繁育技术要点．中国水产，2005(08)．

［9］花鲈淡水养殖要点．中国农业信息，2004(10)．

［10］周利彬，等．梭鲈的无公害养殖技术．畜牧兽医科技信息，2006(08)．

［11］张延河．花鲈的池塘养殖技术．内陆水产，2004(08)．

［12］常青，梁萌青，王家林，等．花鲈对常用饲料原料中氨基酸和磷的利用率研究．海洋水产研究，2004(02)．

［13］潘连德．养殖松江鲈鱼主要病害的诊断和控制．水产科技情报，2007(06)．

［14］邵炳绪．松江鲈的生态初步观察．复旦学报（自然科学

版)，1959(02).

[15] 邵炳绪. 松江鲈鱼性腺的周年变化. 复旦学报(自然科学版)，1975(04).

[16] 韦正道，王昌燮，杜懋琴，等. 孵化期温度对松江鲈鱼胚胎发育的影响. 复旦学报(自然科学版)，1997(05).

[17] 李永刚，等. 梭鲈人工繁殖和苗种培育技术. 中国水产，2004(04).

[18] 庞世勋，王广军，等. 梭鲈人工繁殖及无公害养殖技术(上). 科学养鱼，2008(05).

[19] 庞世勋，王广军，等. 梭鲈人工繁殖及无公害养殖技术(下). 科学养鱼，2008(06).

[20] 王兰明，等. 欧洲宝石鲈鱼种培育技术. 内陆水产，2008(06).

[21] 武海峰，等. 澳洲宝石鲈人工养殖技术. 河南水产，2007(04).

[22] 刘琳，等. 澳洲宝石鲈细菌性疾病防治技术. 科学养鱼，2009(06).

[23] 朱士祥，等. 河鲈池塘健康养殖及人工繁育试验. 科学养鱼，2007(08).

附件一

松江鲈鱼佳话——莼鲈之思

在我国历史上，赞美松江鲈之作甚多，有千古流传的史藉，又有脍炙人口的诗章，甚至还有美妙的传说。特别那"莼鲈之思"的典故，作为思乡之情的代名词，至今仍广为流传和引用，此典故出于唐代房玄龄的《晋书·张翰传》中，刻画了一个因恋家乡鲈鱼脍美而弃官返里的封建士大夫形象。

张翰为吴郡吴人（即今江苏省吴江市莘塔），父亲曾为东吴大鸿胪。他出身官宦之家，才华横溢，纵任不拘，有一年来到洛阳，当时已是晋代的天下。齐王久闻其大名，立即聘请他担任大司马东曹椽（相当于现在国务院秘书长兼高级顾问的官职）。司马氏统一中国后，大封皇子，重用外戚，将一个进步的局面一下子又推向了一个大乱的趋势，张翰明智地看到了这种政治形势——外患内乱，隐伏着政变的危机。这就是历史上著名的"八王之乱"，已是一触即发。张翰是个聪明人，不但鄙弃"东曹椽"高官厚禄，也想到家乡，想到父母，想到江南也许可避兵乱。那年过了中秋，快到重阳了，洛阳已是秋风瑟瑟，黄叶飘零。有一天，乘齐王冈在宫中饮酒作乐时，便悄悄地对齐王冈说："王爷，你看梧桐叶子落了，秋风起了，我是南方人，这时正是东吴家乡菰菜莼羹鲈鱼脍最有味道的节令，我想回家尝尝时令菜，也捎些莼菜和松江鲈，献给王爷下下酒，可好?"齐王冈醉眼朦胧地听到有下酒的江南名菜，可乐了。说："好哇，你去去就回，可别忘了给我捎些下酒的江南名菜，特别是松江鲈。"筵席一散，张翰立即打点行李，天一亮，就动身回乡了，这就是《晋书》上所记的事。可能世人会说：张翰看到秋风落叶，引起了思乡之情……诚可知，莼羹鲈鱼脍虽美，但张翰却是一代名人，可没有那么嘴馋，而是张翰想急流勇退，从而留下了《晋书》记载的那一段典故，并且还为此作了一首诗——《思吴江歌》。

秋风起兮佳景时，吴江水兮鲈鱼肥。
三千里兮家未归，眼难得兮仰无悲。

这首诗也充分反映了他当时的内心世界，也看出他要思归的原因，根本不是想吃家乡的莼羹鲈鱼脍。张翰的深思熟虑，高瞻远见，事实证明他是足智多谋的雄才大略。当他返乡后，西晋就出现贾后废太子，赵王伦起兵杀了贾后而称帝，接着是齐王起兵杀赵王(公元 301 年)，第二年齐王又被杀 。没等齐王冈品尝到江南名菜，已成为"八王之乱"刀下的替死鬼。这才是张翰"莼鲈之思"典故的真实心态。张翰返里之举，曾招后人纷论，有人认为他是一位高士，如《吴郡图经续记》载：张翰"见机而作，托意莼鲈，归以毁卒，可谓高士之行。"但也有人说，张翰未必就是贤者，如刘义庆《世说新语》载："张季鹰辟齐王东曹椽，在洛。见秋风起，因思吴中菰菜羹鲈鱼脍，曰：'人生贵得适志尔，何能羁官数千里以要名爵。'遂命驾便归。俄而齐王败，时人皆谓为见机"。不一而足。但不管如何，张翰见机而离开官场，返归故里，这本身就需要一种勇气和意志。沧浪之水在前，张翰应为一名高士。他回到吴中后，居家事母，饮莼羹，食鲈脍。五十七岁而卒，葬于今苏州横山东五里。

张翰无意仕途，秋思莼鲈，却留下了一则千古佳话，后人在想起张翰的"莼鲈之思"的典故时，往往淡化了它的原意，而多着眼于它的饮食属性，这倒使松江鲈大加风光，千年之下，不减秀色。历代赞誉松江鲈美味的诗、文、传说、载述颇多。宋代嘉泰谈阴所撰的《吴兴志》中记及：松江鲈"肉细美，宜羹，又可为脍，张翰所思者"，据传，吴人献松江鲈于炀帝，炀帝品尝后，大加赞赏，说是"金齑玉脍，东南佳味也。"(《南郡记》)。时至清代，被康熙、乾隆品尝后，誉为"江南第一名菜"，其名声更为远扬。

松江鲈鱼肚如雪脂，色泽丰腴，香气扑鼻，浓郁淳厚，味极鲜美，可谓色、香、味俱佳，是菜肴中的上品。此外，还可红烧或作羹，不论何法，都很有特色……更有趣的是，如将白菜或菠菜投入鲈鱼汤中同煮，可以久煮不老，而且越煮越嫩，味极可口。

作为鱼中珍品的松江鲈，随着我国对外开放的不断深入，也越来越受到中外人士的欢迎。1972 年，美国前总统尼克松访问上海时，就曾提出要品尝松江鲈的要求。1983 年初，上海市锦江饭店应香港中国食品研究所有限公司总经理伍淑清的邀请，在香港举行了松江鲈的烹饪演，引起了极大的轰动。

附件二

鲈鱼药用价值

鲈鱼,每 100 克鲈鱼肉中,含蛋白质 17.5 克,脂肪 3.1 克,碳水化合物 0.4 克,灰分 1 克,钙 56 毫克,磷 131 毫克,铁 1.2 毫克,核黄素 0.23 毫克,尼克酸 1.7 毫克。还含维生素 A、B 族维生素、镁、锌、硒等微量元素;鲈鱼血中还有较多的铜元素,铜能维持神经系统的正常的功能并参与数种物质代谢的关键酶的功能发挥,铜元素缺乏的人可食用鲈鱼来补充。

性味:性平,味甘。

功效:健脾、补气、益肾、安胎、化痰、止咳,对肝肾不足的人有很好的补益作用。

宜食:一般人群均可食用,尤其适宜贫血头晕,妇女妊娠水肿,胎动不安之人食用。

忌食:根据前人经验,患有皮肤病疮肿者忌食。鲈鱼忌与牛羊油、奶酪和中药荆芥同食。

《食疗本草》:"安胎、补中,作鲊尤佳。"

《嘉枯本草》:"鲈鱼,多食宜人,作蛙尤良。暴干甚香美,虽有小毒,不至发病。"

《本草经疏》:鲈鱼,味甘淡气平与脾胃相宜。肾主骨,肝主筋,滋味属阴,总归于脏,益二脏之阴气,故能益筋骨。脾胃有病,则五脏无所滋养,而积渐流于虚弱,脾弱则水气泛滥,益脾胃则诸证自除矣。

《食经》:主风痹,面疱。补中,安五脏。

《嘉祐本草》:补五脏,益筋骨,和肠胃,治水气。

《本草演义》:益肝肾。